2026
전면 개정판

한국전기설비규정 반영한

전기설비기술기준

공학박사 김상훈 편저 / 한빛전기수험연구회 감수

전기(공사)기사·전기(공사)산업기사 완벽 대비
필기 CBT 최적화 문제 구성

편저 **김상훈**

건국대학교 전기공학과 졸업(공학박사)
現 엔지니어랩 전기분야 대표강사
現 ㈜일렉킴에듀 대표
現 대한전기학회 이사(정회원)
前 인하공업전문대학 교수
前 NCS 전기분야 집필진
前 J, E사 전기기사 대표강사
前 김상훈전기기술학원 원장
前 EBS 전기(산업)기사/전기공사(산업)기사 교수
前 한국조명설비학회 이사(정회원)

저서 : 『2026 회로이론』 외 기본서 시리즈 7종
　　　『2026 전기기사 필기』 외 3종
　　　『2026 전기기사 실기』 외 3종
　　　『파이널 특강 - 전기기사 필기』 외 5종
　　　『2026 전기기사 필기 7개년 기출문제집』 외 1종
　　　『2026 9급 공무원 전기직 전기이론』 외 5종
　　　『2026 고등학교 교과서 전기설비』
　　　공기업 전기직 파이널 특강

감수 **한빛전기수험연구회**

동영상 강좌 수강
엔지니어랩 https://www.engineerlab.co.kr

2026 전기설비기술기준

초판 발행　　　2019년 12월 01일
26년 개정판 발행　2025년 09월 01일

편저자 김상훈
펴낸이 배용석
펴낸곳 도서출판 윤조
전화 050-5369-8829 / **팩스** 02-6716-1989
등록 2019년 4월 17일
ISBN 979-11-94702-10-8 13560
정가 18,000원

이 책에 대한 의견이나 오탈자 및 잘못된 내용에 대한 수정 정보는 아래 홈페이지와 이메일로 알려주시기 바랍니다.
홈페이지 www.yoonjo.co.kr / **이메일** customer@yoonjo.co.kr

이 책의 저작권은 김상훈과 도서출판 윤조에게 있습니다.
저작권법에 의해 보호를 받는 저작물이므로 무단 복제 및 무단 전재를 금합니다.

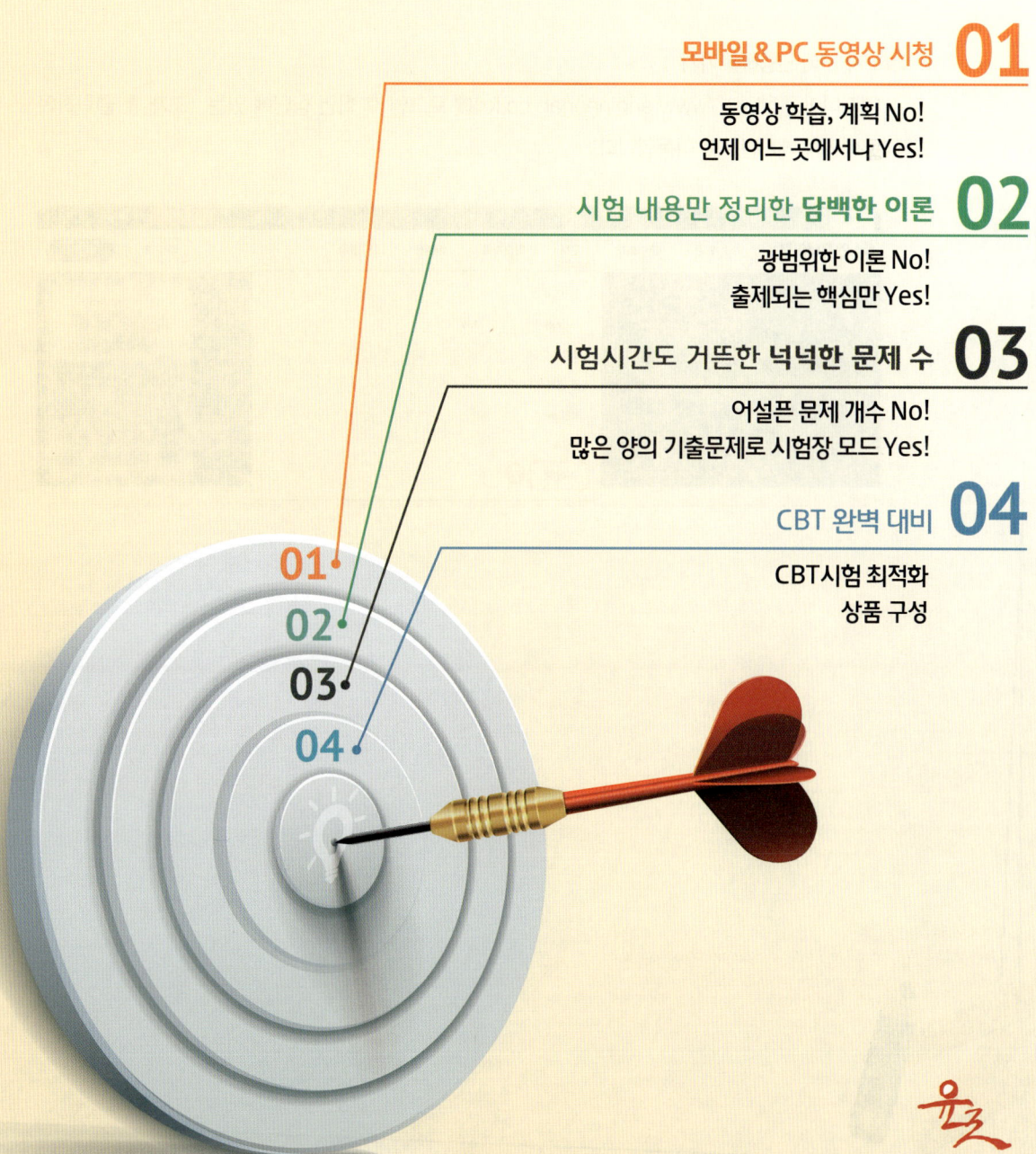

CBT 모의고사 안내

| CBT 모의고사 혜택 받는 방법 |

❶ 교재 구매 인증하러 가기

엔지니어랩(https://www.engineerlab.co.kr)에 로그인 후 화면 상단에 있는 「교재」를 클릭하여 구매인증 게시판으로 이동합니다.

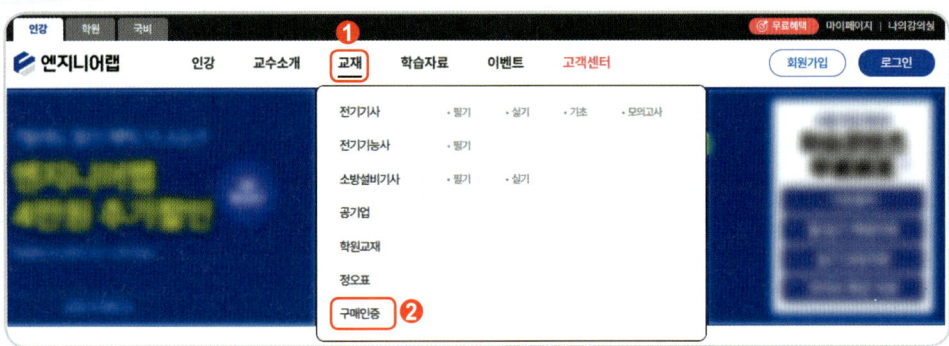

❷ 구매 인증 후 CBT 모의고사 받기

화면에 있는 「구매인증」을 클릭 후 증빙자료를 업로드합니다. 교재 구매 이력 인증 후 CBT 모의고사 2회분을 받으실 수 있습니다.

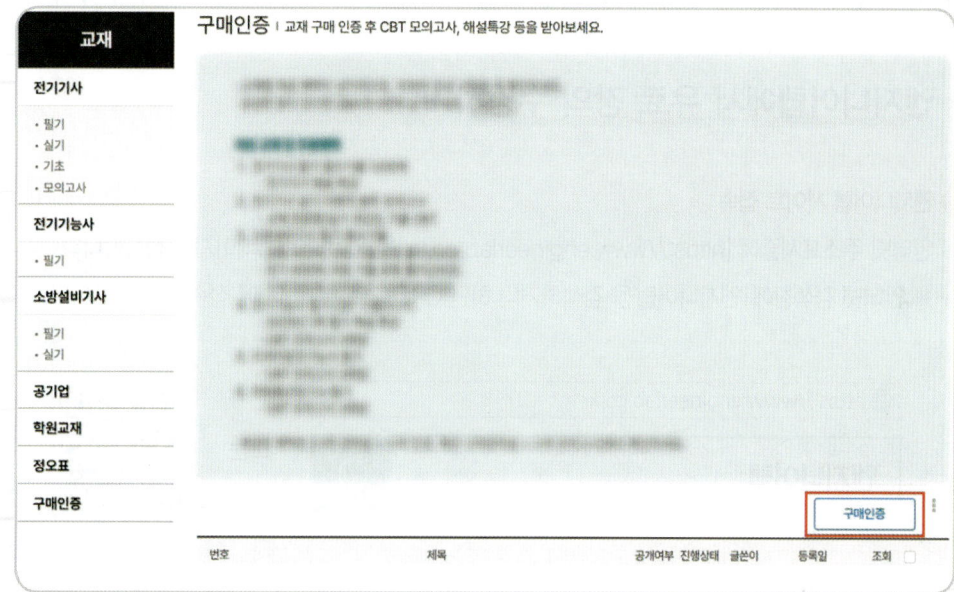

❸ 나의 강의실에서 CBT 모의고사 응시하기

CBT 모의고사는 「나의 모의고사」에서 확인 가능합니다. 화면 우측 상단에 있는 「나의 강의실」을 클릭하시면 화면 좌측에 「나의 모의고사」가 있습니다.

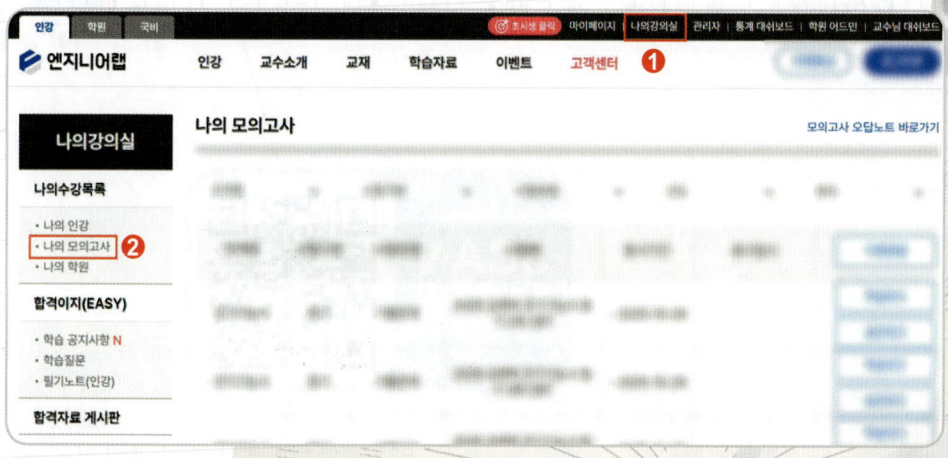

 유료 강의 수강 안내

엔지니어랩에서 유료 강의 수강하기

❶ 엔지니어랩 사이트 접속

인터넷 주소표시줄에 [https://www.engineerlab.co.kr]을 입력하여 홈페이지에 접속합니다.

※ 인터넷 검색창에 '엔지니어랩'을 검색하거나 하단 QR코드로 홈페이지에 접속할 수 있습니다.

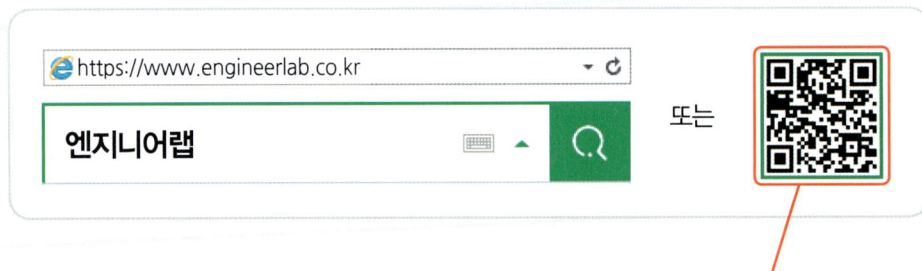

❷ 회원가입 (로그인)

화면 우측 상단에 있는 「회원가입」을 클릭하여 가입 후 「로그인」합니다.

❸ 인강 수강하기

화면 좌측 상단에 있는 「인강」을 클릭 후 원하는 과정을 선택하고 나에게 맞는 상품을 선택하여 수강 신청합니다.

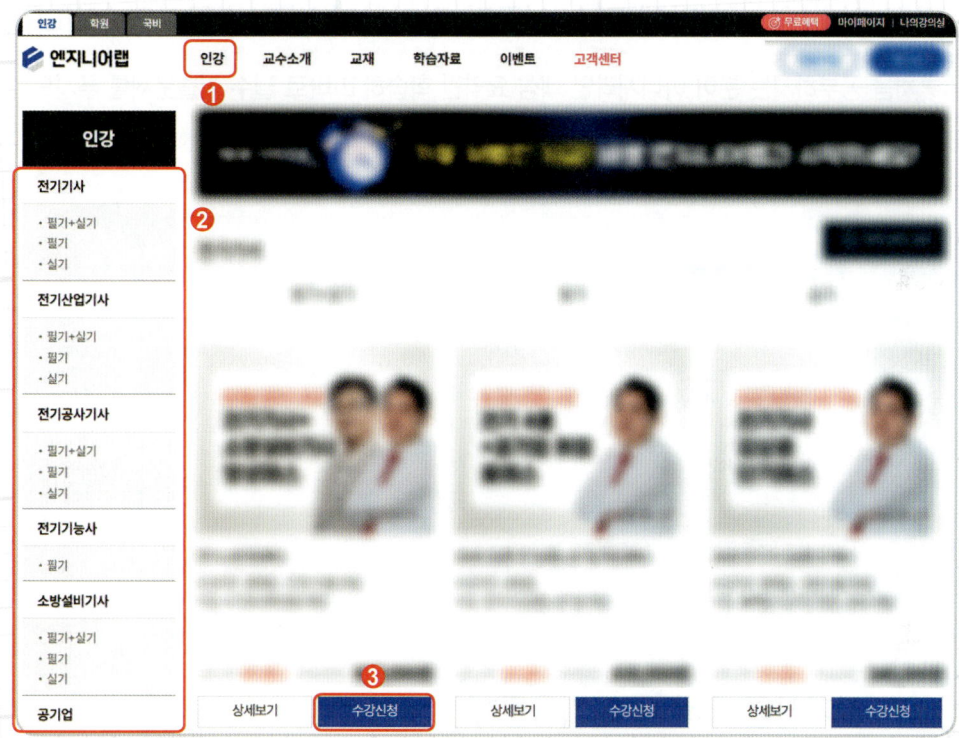

❹ 쿠폰 적용 및 결제

구매하시려는 상품과 금액을 확인하시고 최종 결제 전 잊으신 할인 혜택은 없는지 다시 한번 꼭 확인해주세요.

※ 엔지니어랩에서는 환승 할인, 대학생 할인, 내일배움카드 소지 할인 등 다양한 할인혜택을 제공하고 있으며, 자세한 내용은 「맞춤할인 혜택 확인하기」 참고 부탁드립니다.

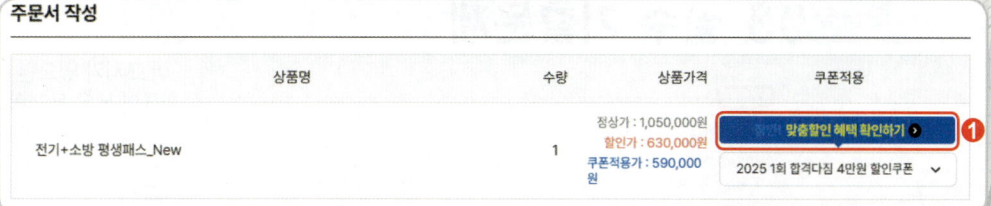

이 책의 학습 방법

1. 각 장의 이론 마지막에 필수 이론만 정리하여 별도 수록하였습니다.

- 처음 공부하시는 분이 아니시라면 핵심 요약만 학습하고 바로 필수 기출문제를 푸셔도 됩니다.
- 시험 직전에 핵심 이론을 다시 공부하시는 것도 좋습니다.

이론 요약

1. 내적 및 외적
   ① 내적(dot) : $A \cdot B = |A||B|\cos\theta$ (두 벡터의 사잇각)
   $(i \cdot i = j \cdot j = k \cdot k = 1, \ i \cdot j = j \cdot k = k \cdot i = 0)$
   ② 외적(cross) : $A \times B = |A||B|\sin\theta$
   $(i \times i = j \times j = k \times k = 0, \ i \times j = k, \ j \times k = i, \ k \times i = j)$

2. 벡터의 미분연산자
   $\nabla = grad = \dfrac{\partial}{\partial x}i + \dfrac{\partial}{\partial y}j + \dfrac{\partial}{\partial z}k$
   cf) 전위경도 $grad\ V = \dfrac{\partial V}{\partial x}i + \dfrac{\partial V}{\partial y}j + \dfrac{\partial V}{\partial z}k$

3. 벡터의 발산 및 회전

2. CBT 필기시험 대비 필수 기출문제

- 최근 출제경향을 고려하여 꼭 나올만한 문제들만 추려서 수록하여 학습부담을 줄였습니다.
- 시험장에 가시기 전에 꼭 풀어보세요.

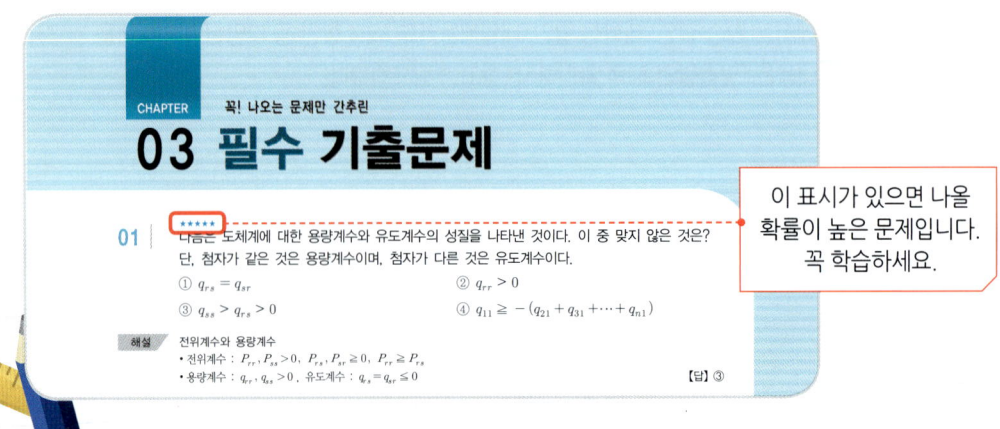

3. 국내 유일 실시간 강의 유튜브 김상훈 TV

- 목표는 오직 좀 더 많은 수험생들의 합격!
- 국내 유일의 유튜브 실시간 Live 강의(유튜브 김상훈 TV 검색)
- 합격 설명회, 실기, 필기, 공무원 등 다양한 콘텐츠 무료 시청

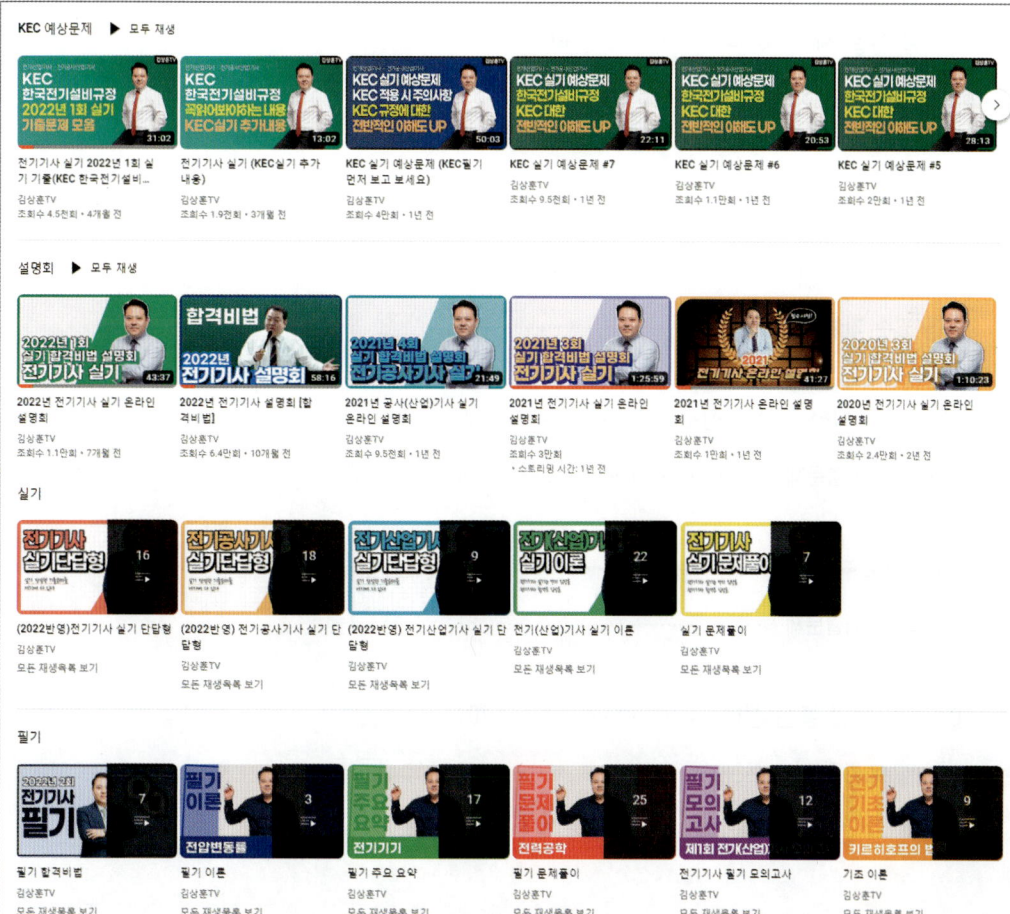

※ 자세한 강의 시간표는 다음 일렉킴 카페(https://cafe.daum.net/eleckimedu) 〉 유튜브 방송 시간표 참고

이 책의 목차

회차별 학습 체크 리스트

문제 풀이와 동영상 학습 횟수를 체크하여 스케줄 관리도 하고, 학습 속도도 조절할 수 있습니다.

이제는 합격이다

- CBT 모의고사 안내 ·················· 4
- 유료 강의 수강 안내 ·················· 6
- 이 책의 학습 방법 ····················· 8
- 회차별 학습 체크 리스트 ············ 10
- 편저자/감수자의 말 ·················· 12

학습

- 01 총칙 ································· 14 ☐☐☐
  - 필수 기출문제 ······················ 35 ☐☐☐

- 02 전기의 발전 및 운용장소의 전기시설 ······ 48 ☐☐☐
  - 필수 기출문제 ······················ 54 ☐☐☐

- 03 전선로 ····························· 59 ☐☐☐
  - 필수 기출문제 ······················ 81 ☐☐☐

- 04 전력 보안 통신 설비 ··············· 103 ☐☐☐
  - 필수 기출문제 ······················ 110 ☐☐☐

	학습
05 저압 전기 설비 ··············· 115	☐ ☐ ☐
– 필수 기출문제 ····················· 139	☐ ☐ ☐
06 고압·특고압 전기 설비 ······· 156	☐ ☐ ☐
– 필수 기출문제 ····················· 162	☐ ☐ ☐
07 전기 철도 ····················· 168	☐ ☐ ☐
– 필수 기출문제 ····················· 176	☐ ☐ ☐
08 분산형 전원 ···················· 182	☐ ☐ ☐
– 필수 기출문제 ····················· 187	☐ ☐ ☐

편저자의 말

1970년대 중반부터 시행된 전기 분야 국가기술자격시험은 일부 개정을 거쳐 현재에 이르고 있으며, 시험 합격을 위해서는 그에 맞는 전략과 노력이 필요합니다.

최근 5년 동안의 시험 경향을 보면 확실히 예전보다는 조금 어려워졌습니다. 예전처럼 그냥 외우는 방법으로는 어렵고, 이론을 이해해야 풀 수 있는 문제들이 많아지고 있기 때문입니다. 특히 필기시험은 출제 경향이 크게 다르지 않은데, 실기시험은 회차별로 난이도 차이가 크게 나고 예전보다 문제수도 늘어나 좀 더 세분화되었다고 볼 수 있습니다.

그러므로 합격의 전략은 새로운 경향을 찾는 것보다는 많이 출제되었던 기출문제를 공부하되 이론을 같이 공부하는 것이 빠른 합격에 유리할 수 있습니다.

또 전기기사 출제 경향을 합격자 수로 이야기하는 경우가 많지만, 작년에 합격자 수가 많았다고 해서 올해 꼭 적게 나오는 것은 아닙니다. 약간씩 출제 경향의 변화가 있지만 난이도는 거의 대동소이하며, 수급 조절은 3~5년으로 보기 때문에 수험생 스스로 섣부른 판단은 하지 않도록 해야 합니다.

필자는 10여 년 전부터 현재까지 오프라인 학원, 수많은 온라인 교육 및 EBS 강의를 진행하면서 많은 수험생을 접하며 그들이 가지고 있는 고충과 애로사항을 청취한 결과, 국가기술자격시험 합격을 위한 보다 쉽고 확실한 해법을 주기 위하여 이 교재를 집필하게 되었습니다.

본 수험서의 특징은 그간 어렵게 생각했던 문제를 쉽게 해설하여 수험생들이 혼자 공부할 수 있게 하고, 매년 출제 빈도를 반영하여 문제마다 별 표시를 해 중요 부분을 확인할 수 있게 함으로써 시험 대비 시 공부의 효율을 높이도록 한 점입니다.

아무쪼록 본 수험서로 공부하는 모든 분이 합격하시기를 기원하며, 마지막으로 본 수험서가 출간되기까지 큰 노력을 기울여주신 한빛전기수험연구회 여러분들과 도서출판 윤조 배용석 대표님께 감사의 말씀을 전합니다.

편저자 김상훈

감수자의 말

현대 사회에서 전기의 중요성은 날로 커지고 있으며, 일정한 자격을 갖춘 전문가들에 의해 여러 가지 기술의 개발과 발전이 이루어지고 있습니다. 이러한 전기 분야의 전문가를 국가기술자격시험을 통해 선발하기 때문에 이 시험의 비중이 날로 증가하고 있는 추세입니다.

우리 연구회 일동은 전기 분야 교육의 전문가이신 김상훈 박사가 책 출간 후 5년간의 노하우와 새로운 경향을 반영하는 개정 작업의 감수에 참여하게 되어 기쁜 마음으로 더욱더 좋은 책, 수험생들이 쉽게 이해할 수 있는 책이 되도록 노력하였습니다.

아무쪼록 본 수험서로 공부하는 수험생 모두가 합격하여 우리나라 전기 분야에 이바지하는 전문가들로 성장하기를 기원합니다.

한빛전기수험연구회 일동

PART 01

KEC 규정을 반영한
전기설비기술기준

1. 총칙
2. 전기의 발전 및 운용장소의 전기시설
3. 전선로
4. 전력 보안 통신 설비
5. 저압 전기 설비
6. 고압 · 특고압 전기 설비
7. 전기 철도
8. 분산형 전원

어려운 법규정을 전부 외울 수는 없습니다. 윤조북스(https://www.yoonjo.co.kr) 홈페이지 자료실에서 제공하는 핵심 요약집을 다운로드해서 먼저 익힌 후 기출문제를 풀어봅니다. 핵심요약 이론만 암기하면 적은 시간을 투자해도 합격, 문제 없습니다.

CHAPTER 01 총칙

용어의 정의·전압의 구분·안전을 위한 보호·전선·전로의 절연·접지시스템·피뢰시스템

1. 용어 정의(KEC 112조)

전기설비기술기준 및 한국전기설비규정(KEC)에서 사용하는 용어의 정의는 다음 각 호와 같다.

(1) 발전소
　발전기·원동기·연료전지·태양전지 그 밖의 기계기구를 시설하여 전기를 발생시키는 곳

(2) 변전소
　변전소의 밖으로부터 전송받은 전기를 변전소 안에 시설한 변압기·전동발전기·회전변류기·정류기 그 밖의 기계기구에 의하여 변성하는 곳으로서 변성한 전기를 다시 변전소 밖으로 전송하는 곳

(3) 개폐소
　개폐소 안에 시설한 개폐기 및 기타 장치에 의하여 전로를 개폐하는 곳으로서 발전소·변전소 및 수용장소 이외의 곳

(4) **급전소**
　전력계통의 운용에 관한 지시 및 급전조작을 하는 곳

(5) 전선
　강전류 전기의 전송에 사용하는 전기 도체, 절연물로 피복한 전기 도체 또는 절연물로 피복한 전기 도체를 다시 보호 피복한 전기 도체

(6) **전로**
　통상의 사용 상태에서 전기가 통하고 있는 곳

(7) 전선로
　발전소·변전소·개폐소, 이에 준하는 곳, 전기사용 장소 상호간의 전선(전차선을 제외한다) 및 이를 지지하거나 수용하는 시설물

(8) 전기기계기구
　전로를 구성하는 기계기구

(9) 이웃 연결 인입선

한 수용장소의 인입선에서 분기하여 지지물을 거치지 아니하고 다른 수용 장소의 인입구에 이르는 부분의 전선

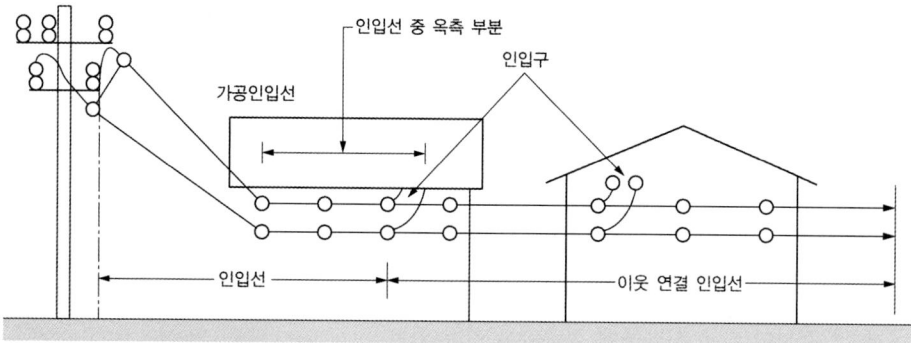

(10) 가공인입선

가공전선로의 지지물로부터 다른 지지물을 거치지 아니하고 수용장소의 붙임점에 이르는 가공전선

(11) 배선

전기사용 장소에 시설하는 전선(전기기계기구 내의 전선 및 전선로의 전선을 제외)

(12) 약전류전선

약전류 전기의 전송에 사용하는 전기 도체, 절연물로 피복한 전기 도체 또는 절연물로 피복한 전기 도체를 다시 보호 피복한 전기 도체

(13) 약전류전선로

약전류전선 및 이를 지지하거나 수용하는 시설물

(14) 지지물

목주·철주·철근 콘크리트주 및 철탑과 이와 유사한 시설물로서 전선·약전류전선 또는 광섬유케이블을 지지하는 것을 주된 목적으로 하는 것

(15) **조상설비**

무효전력을 조정하는 전기기계기구

(16) 전력보안 통신설비

전력의 수급에 필요한 급전·운전·보수 등의 업무에 사용되는 전화 및 원격지에 있는 설비의 감시·제어·계측·계통보호를 위해 전기적·광학적으로 신호를 송·수신하는 제 장치·전송로 설비 및 전원 설비 등

(17) 옥내배선

옥내의 전기사용장소에 고정시켜 시설하는 전선

(18) 옥측배선

옥외의 전기사용장소에서 그 전기사용장소에서의 전기사용을 목적으로 조영물에 고정시켜 시설하는 전선

(19) 옥외배선

옥외의 전기사용장소에서 그 전기사용장소에서의 전기사용을 목적으로 고정시켜 시설하는 전선

(20) 관등회로

　방전등용 안정기(방전등용 변압기 포함)로부터 방전관까지의 전로

(21) 지중 관로

　지중 전선로. 지중 약전류 전선로. 지중 광섬유 케이블 선로. 지중에 시설하는 수관 및 가스관과 이와 유사한 것 및 이들에 부속하는 지중함 등

(22) 제1차 접근 상태

　가공전선이 다른 시설물과 접근하는 경우에 가공전선이 다른 시설물의 위쪽 또는 옆쪽에서 수평거리로 가공전선로의 지지물의 지표상의 높이에 상당하는 거리 안에 시설됨으로써 가공전선로의 전선의 절단, 지지물의 도괴 등의 경우에 그 전선이 다른 시설물에 접촉할 우려가 있는 상태

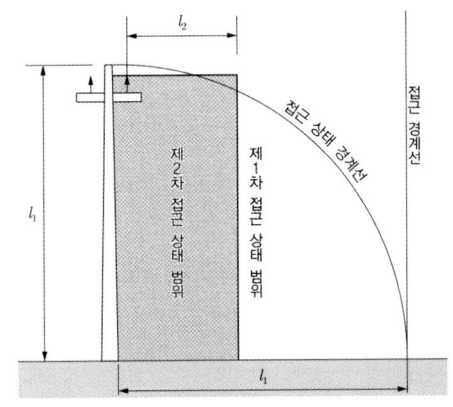

(23) 제2차 접근상태

　가공전선이 다른 시설물과 접근하는 경우에 그 가공전선이 다른 시설물의 위쪽 또는 옆쪽에서 수평 거리로 3[m] 미만인 곳에 시설되는 상태

(24) 이격거리

　떨어져야할 물체의 표면간의 최단거리

(25) 가섭선(架涉線)

　지지물에 가설되는 모든 선류

(26) 계통외도전부(Extraneous Conductive Part)

　전기설비의 일부는 아니지만 지면에 전위 등을 전해줄 위험이 있는 도전성 부분

(27) 계통접지(System Earthing)

　전력계통에서 돌발적으로 발생하는 이상현상에 대비하여 대지와 계통을 연결하는 것으로, 중성점을 대지에 접속하는 것

(28) 고장보호(간접접촉에 대한 보호, Protection Against Indirect Contact)

　고장 시 기기의 노출도전부에 간접 접촉함으로써 발생할 수 있는 위험으로부터 인축을 보호하는 것

(29) 기본보호(직접접촉에 대한 보호, Protection Against Direct Contact)

　정상운전 시 기기의 충전부에 직접 접촉함으로써 발생할 수 있는 위험으로부터 인축의 보호

(30) 내부 피뢰시스템(Internal Lightning Protection System)

　등전위본딩 및/또는 외부 피뢰시스템의 전기적 절연으로 구성된 피뢰시스템의 일부

(31) 노출도전부(Exposed Conductive Part)

　충전부는 아니지만 고장 시에 충전될 위험이 있고, 사람이 쉽게 접촉할 수 있는 기기의 도전성 부분

(32) 단독운전
전력계통의 일부가 전력계통의 전원과 전기적으로 분리된 상태에서 분산형전원에 의해서만 가압되는 상태

(33) 등전위본딩(Equipotential Bonding)
등전위를 형성하기 위해 도전부 상호간을 전기적으로 연결하는 것

(34) 리플프리직류
교류를 직류로 변환할 때 리플성분의 실효값이 10[%] 이하로 포함된 직류

(35) 보호등전위본딩(Protective Equipotential Bonding)
감전에 대한 보호 등과 같은 안전을 목적으로 하는 등전위본딩

(36) 보호본딩도체(Protective Bonding Conductor)
보호등전위본딩을 제공하는 보호도체

(37) 보호접지(Protective Earthing)
고장 시 감전에 대한 보호를 목적으로 기기의 한 점 또는 여러 점을 접지하는 것

(38) 등전위본딩망(Equipotential Bonding Network)
구조물의 모든 도전부와 충전도체를 제외한 내부설비를 접지극에 상호 접속하는 망

(39) 분산형전원
중앙급전 전원과 구분되는 것으로서 전력소비지역 부근에 분산하여 배치 가능한 전원. 상용전원의 정전시에만 사용하는 비상용 예비전원은 제외하며, 신·재생에너지 발전설비, 전기저장장치 등을 포함

(40) 서지보호장치(SPD, Surge Protective Device)
과도 과전압을 제한하고 서지전류를 분류시키기 위한 장치

(41) 수뢰부 시스템(Air-termination System)
낙뢰를 포착할 목적으로 돌침, 수평도체, 그물망도체 등과 같은 금속 물체를 이용한 외부 피뢰시스템의 일부

(42) 외부피뢰시스템(External Lightning Protection System)
수뢰부시스템, 인하도선시스템, 접지극시스템으로 구성된 피뢰시스템의 일종

(43) 인하도선시스템(Down-conductor System)
뇌전류를 수뢰시스템에서 접지극으로 흘리기 위한 외부 피뢰시스템의 일부

(44) 특별저압(ELV, Extra Low Voltage)
인체에 위험을 초래하지 않을 정도의 저압. 여기서 SELV(Safety Extra Low Voltage)는 비접지회로에 해당되며, PELV(Protective Extra Low Voltage)는 접지회로에 해당

(45) 피뢰시스템(LPS, lightning protection system)
구조물 뇌격으로 인한 물리적 손상을 줄이기 위해 사용되는 전체시스템을 말하며, 외부피뢰시스템과 내부 피뢰시스템으로 구성

(46) 접지도체
계통, 설비 또는 기기의 한 점과 접지극 사이의 도전성 경로 또는 그 경로의 일부가 되는 도체

(47) 중성선 다중접지 방식

전력계통의 중성선을 대지에 다중으로 접속하고, 변압기의 중성점을 그 중성선에 연결하는 계통접지 방식

2. 전압의 구분(KEC 111.1조)

(1) 저압 : 교류는 1[kV] 이하, 직류는 1.5[kV] 이하인 것
(2) 고압 : 교류는 1[kV]를, 직류는 1.5[kV]를 초과하고, 7[kV] 이하인 것
(3) 특고압 : 7[kV]를 초과하는 것

3. 안전을 위한 보호(KEC 113조)

감전에 대한 보호
① 기본보호 : 직접접촉 방지(전기설비의 충전부에 인축이 접촉하여 일어날 수 있는 위험으로부터 보호)
② 고장 보호 : 기본절연의 고장에 의한 간접접촉을 방지

4. 전선(KEC 120조)

전선은 통상 사용 상태에서의 온도에 견디고 설치장소의 환경조건에 적절하고 발생할 수 있는 전기·기계적 응력에 견뎌야 한다.

(1) 전선의 식별(KEC 121.2조)

상(문자)	색상
L1	갈색
L2	검은색
L3	회색
N	파란색
보호도체	녹색-노란색

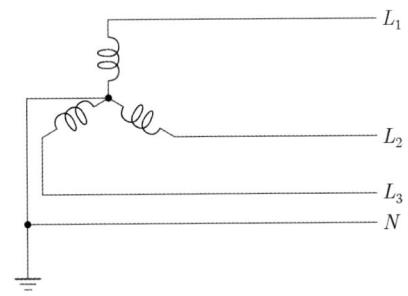

나도체 : 전선 종단부에 색상이 반영구적이 되도록 유지(도색, 밴드, 색 테이프로 표시)

(2) 전선의 종류(KEC 122조)
 ① 절연전선
  가. **저압 절연전선** : 450/750[V] 비닐절연전선 · 450/750[V] 저독성 난연 폴리올레핀 절연전선
   · 450/750[V] 고무절연전선
  나. 고압·특고압 절연전선 : KS에 적합한 또는 동등 이상의 전선
 ② 캡타이어케이블

③ 저압케이블 :

0.6/1[kV] 연피(鉛皮)케이블, 클로로프렌외장(外裝)케이블, 비닐외장케이블, 폴리에틸렌외장케이블, 무기물 절연케이블, 금속외장케이블, 유선텔레비전용 급전겸용 동축 케이블

④ 고압 및 특고압케이블

가. 고압케이블 : 클로로프렌외장케이블·비닐외장케이블·폴리에틸렌외장케이블·콤바인 덕트 케이블 또는 이들에 보호 피복을 한 것

나. 특고압케이블 : 절연체가 에틸렌 프로필렌고무혼합물 또는 가교폴리에틸렌 혼합물인 케이블로서 선심 위에 금속제의 전기적 차폐층을 설치한 것이거나 파이프형 압력 케이블 그 밖의 금속피복을 한 케이블

다. 특고압 전로의 다중접지 지중 배전계통에 사용하는 동심중성선 전력케이블

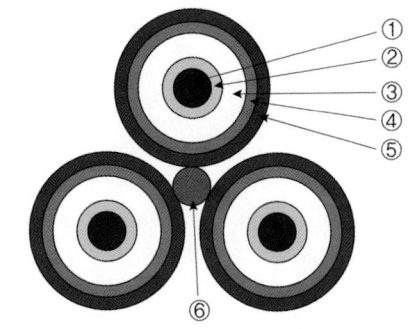

No.	항목	재료
①	도체	수밀 컴파운드 충전 원형압축 AL연선
②	내부 반도전층	반도전성 컴파운드
③	절연층	가교 폴리에틸렌
④	외부 반도전층	반도전성 컴파운드
⑤	시스	반도전성 고밀도 폴리에틸렌
⑥	중성선	알루미늄 피복강심 경알루미늄 연선

(3) 전선의 접속(KEC 123조)

① 전선의 세기(인장하중(引張荷重))을 20[%] 이상 감소시키지 말 것

② 전기저항을 증가시키지 말 것

③ 전기 화학적 성질이 다른 도체를 접속하는 경우에는 접속부분에 전기적 부식(電氣的腐蝕)이 생기지 아니하도록 할 것

④ 코드 상호, 캡타이어케이블 상호, 케이블 상호 또는 이들 상호를 접속하는 경우에는 코드 접속기, 접속함 기타의 기구를 사용

⑤ 두 개 이상의 전선을 병렬로 사용하는 경우
- 동선 50[mm²] 이상 또는 알루미늄 70[mm²] 이상으로 하고, 전선은 같은 도체, 같은 재료, 같은 길이 및 같은 굵기의 것을 사용

- 같은 극의 각 전선은 동일한 터미널러그에 완전히 접속
- 같은 극인 각 전선의 터미널러그는 동일한 도체에 2개 이상의 리벳 또는 2개 이상의 나사로 접속
- 병렬로 사용하는 전선에는 각각에 퓨즈를 설치 금지
- 교류회로에서 병렬로 사용하는 전선은 금속관 안에 전자적 불평형이 생기지 않도록 시설

5. 전로의 절연(KEC 130조)

(1) 사용전압이 저압인 전로에서 정전이 어려운 경우 등 절연저항 측정이 곤란한 경우에는 누설전류를 1[mA] 이하로 유지

(2) 저압전선로 중 절연 부분의 전선과 대지 사이 및 전선의 심선 상호 간의 절연저항은 사용전압에 대한 누설전류가 최대 공급전류의 1/2,000을 넘지 않도록 할 것(기술기준 제27조)

(3) 절연 제외 장소

　① 접지공사의 접지점

　② 시험용 변압기, 전력선 반송용 결합 리액터, 전기울타리용 전원장치, 엑스선발생장치, 전기부식 방지용 양극, 단선식 전기철도의 귀선

　③ 전기욕기 · 전기로 · 전기보일러 · 전해조

(4) 저압전로의 절연저항(기술기준 52조)

전기사용 장소의 사용전압이 저압인 전로의 전선 상호간 및 전로와 대지 사이의 절연저항은 개폐기 또는 과전류차단기로 구분할 수 있는 전로마다 다음 표에서 정한 값 이상으로 할 것

- 전선 상호간의 절연저항은 기계기구를 쉽게 분리 곤란한 분기회로의 경우 기기 접속 전에 측정 가능
- 측정 시 영향을 주거나 손상을 받을 수 있는 SPD 또는 기타 기기 등은 측정 전에 분리
- 분리가 어려운 경우 시험전압을 250[V] DC로 낮추어 측정 가능(단, 절연저항 값은 1[MΩ] 이상)

전로의 사용전압[V]	DC 시험전압[V]	절연저항[MΩ]
SELV 및 PELV	250	0.5
FELV, 500[V] 이하	500	1.0
500[V] 초과	1,000	1.0

[주] 특별저압(extra low voltage : 2차 전압이 AC 50V, DC 120V 이하)으로 SELV(비접지회로 구성) 및 PELV(접지회로 구성)은 1차와 2차가 전기적으로 절연된 회로, FELV는 1차와 2차가 전기적으로 절연되지 않은 회로

(5) 절연내력시험(KEC 132~6조)

　① 고압 및 특고압의 전로(연속 10분간)
　　케이블 사용 시(교류 시험전압의 2배인 직류)

구분		배율	최저 전압
중성점 직접 접지식이 아닌 경우	7[kV] 이하	1.5	
	7[kV] 초과 ~ 60[kV] 이하	1.25	10.5[kV]
	60[kV] 초과(비접지식)	1.25	
	60[kV] 초과(중성점 접지식)	1.1	75[kV]
중성점 직접 접지식	7[kV] 초과 ~ 25[kV] 이하 (중성점 다중 접지식)	0.92	
	60[kV] 초과 ~ 170[kV]까지	0.72	
	170[kV] 초과	0.64	
	최대사용전압이 60[kV]를 초과하는 정류기에 접속되고 있는 전로	1.1	

② 회전기 및 정류기

　회전변류기의 이외의 교류의 회전기로 표에서 정한 시험 전압의 1.6배의 직류전압

종류		시험 전압	시험 방법
회전기	발전기·전동기· 무효 전력 보상 장치·기타회전기 (회전변류기를 제외한다)	최대사용전압 7[kV] 이하	최대사용전압의 1.5배의 전압(500[V] 미만으로 되는 경우에는 500[V])	권선과 대지 사이에 연속하여 10분간 가한다.
		최대사용전압 7[kV] 초과	최대사용전압의 1.25배의 전압 (10.5[kV] 미만으로 되는 경우에는 10.5[kV])	
	회전변류기		직류측의 최대사용전압의 1배의 교류전압(500[V] 미만으로 되는 경우에는 500[V])	
정류기	최대사용전압이 60[kV] 이하		직류측의 최대사용전압의 1배의 교류전압(500[V] 미만으로 되는 경우에는 500[V])	충전부분과 외함 간에 연속하여 10분간 가한다.
	최대사용전압 60[kV] 초과		교류측의 최대사용전압의 1.1배의 교류전압 또는 직류측의 최대사용전압의 1.1배의 직류전압	교류측 및 직류 고전압측단자와 대지 사이에 연속하여 10분간 가한다.

③ 연료전지 및 태양전지 모듈의 절연내력(10분간)

　최대사용전압의 1.5배의 직류전압 또는 1배의 교류전압(500[V]미만으로 되는 경우에는 500[V])을 충전부분과 대지사이에 연속하여 10분간 가하여 절연내력을 시험하였을 때에 이에 견디는 것

④ 변압기의 전로

구분		배율	최저 전압
중성점 직접 접지식이 아닌 경우	7[kV] 이하	1.5	500[V]
	7[kV] 초과 ~ 60[kV] 이하	1.25	10.5[kV]
	60[kV] 초과(비접지식)	1.25	
	60[kV] 초과(중성점 접지식) (성형결선, 또는 스콧결선의 것에 한한다)	1.1	75[kV]
중성점 직접 접지식	7[kV] 초과 ~ 25[kV] 이하 (중성점 다중 접지식)	0.92	
	60[kV] 초과 ~ 170[kV]까지	0.72	
	170[kV] 초과	0.64	
	최대사용전압이 60[kV]를 초과하는 정류기에 접속되고 있는 전로	1.1	

6. 접지시스템(KEC 140조)

(1) 접지시스템의 구분 및 종류(KEC 141조)

① 구분 : 계통접지, 보호접지, 피뢰시스템 접지

② **종류 : 단독접지, 공통접지, 통합접지**

(2) 접지시스템의 구성요소 및 요구사항(KEC 142.1조)

구성요소 : 접지극, 접지도체, 보호도체, 기타 설비(접지극은 접지도체를 사용하여 주접지단자에 연결)

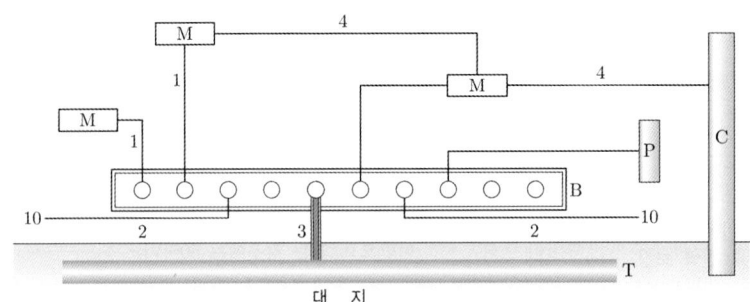

1 : 보호도체(PE)
2 : 보호 등전위본딩용 도체
3 : 접지도체
4 : 보조 보호등전위본딩용 도체
10 : 기타 기기

B : 주 접지단자
M : 전기기구의 노출 도전성부분
C : 철골, 금속덕트의 계통외 도전성 부분
P : 수도관, 가스관 등 금속배관
T : 접지극

(3) 접지극의 시설 및 접지저항

① 접지극의 시설

가. 콘크리트에 매입된 기초 접지극

나. 토양에 매설된 기초 접지극

다. 토양에 수직 또는 수평으로 직접 매설된 금속전극(봉, 전선, 테이프, 배관, 판 등)

라. 케이블의 금속외장 및 그 밖에 금속피복

마. 지중 금속구조물(배관 등)

바. 대지에 매설된 철근콘크리트의 용접된 금속 보강재(단, 강화콘크리트 제외)

② 접지극의 매설

- **접지극은 지표면으로부터 지하 0.75[m] 이상**으로 하되 동결 깊이를 감안하여 매설 깊이 결정
- 접지도체를 철주 기타의 금속체를 따라서 시설하는 경우에는 접지극을 철주의 밑면으로부터 0.3[m] 이상의 깊이에 매설하는 경우 이외에는 접지극을 지중에서 그 금속체로부터 1[m] 이상 떼어 매설

- 접지도체는 지하 0.75[m]부터 지표상 2[m] 까지 부분은 합성수지관(두께 2[mm] 미만의 합성수지제 전선관 및 가연성 콤바인덕트관은 제외한다) 또는 이와 동등 이상의 절연효과와 강도를 가지는 몰드로 덮을 것
- 접지도체는 절연전선(옥외용 비닐절연전선은 제외) 또는 케이블

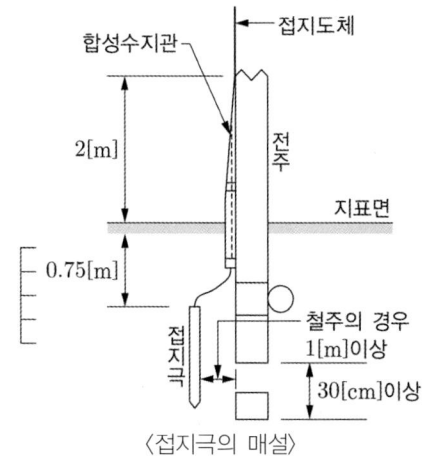

〈접지극의 매설〉

③ 수도관 등을 접지극으로 사용하는 경우
  가. 금속제 수도관로가 대지와의 전기저항 값이 3[Ω] 이하일 때
  나. 접지도체와 금속제 수도관로의 접속
  - 안지름 75[mm] 이상인 부분 또는 여기에서 분기한 안지름 75[mm] 미만인 분기점으로부터 5[m] 이내의 부분
  - 금속제 수도관로와 대지 사이의 전기저항 값이 2[Ω] 이하인 경우에는 분기점으로부터의 거리는 5[m] 초과 가능

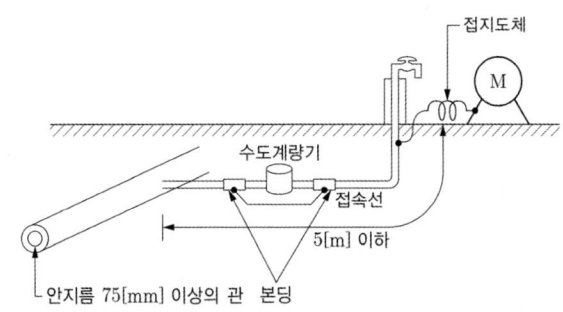

  다. 접지도체와 금속제 수도관로의 접속부를 수도계량기로부터 수도 수용가 측에 설치하는 경우 수도계량기를 사이에 두고 양측 수도관로를 등전위본딩
  라. 건축물·구조물의 철골 기타의 금속제 접지극 사용 : 전기저항 값이 2[Ω] 이하인 경우

(4) 접지도체(KEC 142.3.1조)

① 접지도체의 단면적[mm²]

접지도체의 종류	큰 고장전류가 접지도체를 통해 흐르지 않을 경우	접지도체에 피뢰시스템이 접속되는 경우
구리(동)	6[mm²] 이상	16[mm²] 이상
철제	50[mm²] 이상	50[mm²] 이상

② 접지도체의 굵기
  가. 특고압·고압 전기설비용 접지도체 : 6[mm²] 이상의 연동선
  나. 중성점 접지용 접지도체 : 16[mm²] 이상의 연동선

- 예외) 6[mm²] 이상의 연동선 사용
  - 7[kV] 이하의 전로
  - 사용전압이 25[kV] 이하인 특고압 가공전선로(단, 중성선 다중접지식의 것으로서 전로에 지락이 생겼을 때 2초 이내에 자동적으로 이를 전로로부터 차단하는 장치가 되어 있을 것)
- 다. 이동하여 사용하는 전기기계기구의 금속제 외함 등의 접지
  - 특고압·고압 전기설비용 접지도체 및 중성점 접지용 접지도체 : 10[mm²] 이상
  - 저압 전기설비용 접지도체 : 0.75[mm²] 이상
    - 다심 코드 또는 다심 캡타이어케이블(유연성이 있는 연동연선은 1개 도체의 단면적이 1.5[mm²] 이상인 것 사용)

(5) 보호도체(KEC 142.3.2조)

① 보호도체의 최소 단면적

선도체의 단면적 S (mm², 구리)	보호도체의 최소 단면적(mm², 구리)	
	보호도체의 재질이 선도체와 같은 경우	보호도체의 재질이 선도체와 다른 경우
16[mm²] 이하	S	$(k_1/k_2) \times S$
16[mm²] 초과 35[mm²] 이하	16	$(k_1/k_2) \times 16$
35[mm²] 초과	$S/2$	$(k_1/k_2) \times (S/2)$

가. 보호도체의 단면적 계산 값(차단시간이 5초 이하인 경우)

$$S = \frac{\sqrt{I^2 t}}{k} \, [\text{mm}^2]$$

여기서,
S : 단면적[mm²]
I : 보호장치를 통해 흐를 수 있는 예상 고장전류 실효값[A]
t : 자동차단을 위한 보호장치의 동작시간[s]
k : 보호도체, 절연, 기타 부위의 재질 및 초기온도와 최종온도에 따라 정해지는 계수

나. **보호도체가 케이블의 일부가 아니거나 선도체와 동일 외함에 설치되지 않은 경우**
  - 기계적 손상에 대해 보호가 되는 경우 : 구리 2.5[mm²], 알루미늄 16[mm²] 이상
  - 기계적 손상에 대해 보호가 되지 않는 경우 : 구리 4[mm²], 알루미늄 16[mm²] 이상

② 보호도체의 종류
  가. 다심케이블의 도체
  나. 충전도체와 같은 트렁킹에 수납된 절연도체 또는 나도체
  다. 고정된 절연도체 또는 나도체
  라. 전기적 연속성 및 도전성을 만족하는 금속케이블 외장, 케이블 차폐, 케이블 외장, 전선묶음(편조전선), 동심도체, 금속관

③ 보호도체의 전기적 연속성(보호도체의 보호)
  가. 기계적인 손상, 화학적·전기화학적 열화, 전기역학적·열역학적 힘에 대해 보호
  나. 보호도체를 접속하는 나사는 다른 목적으로 겸용 금지

다. **접속부는 납땜(soldering)으로 접속 금지**
　　라. 보호도체에는 개폐장치 연결 금지
　　마. 보호도체 경로에 직렬로 접속 금지
　　　　접지에 대한 전기적 감시를 위한 전용장치(동작센서, 코일, 변류기 등)를 설치하는 경우
　　바. 기기·장비의 노출도전부 : 다른 기기를 위한 보호도체의 부분을 구성할 수 없음
　④ 보호도체와 계통도체 겸용
　　가. 보호도체와 계통도체를 겸용하는 겸용도체
　　　• **중성선과 겸용(PEN) : 보호도체와 중선선 겸용도체**
　　　• **선도체와 겸용(PEL) : 보호도체와 선도체 겸용도체**
　　　• **중간도체와 겸용(PEM) : 보호도체와 중간도체 겸용도체**

기호 설명	
(그림)	중성선(N), 중간도체(M)
(그림)	보호도체(PE)
(그림)	중성선과 보호도체 겸용(PEN)

　　나. 겸용도체(고정된 전기설비에서만 사용)
　　　• 단면적 : 구리 10[mm²], 알루미늄 16[mm²] 이상
　⑤ 주 접지단자
　　접지시스템은 주 접지단자를 설치하고, 다음의 도체들을 접속
　　　• 등전위본딩도체
　　　• 접지도체
　　　• 보호도체
　　　• 기능성 접지도체

(6) 전기수용가 접지(KEC 142.4조)
　① 저압수용가 인입구 접지
　　가. 수용장소 인입구 부근에서 다음의 것을 접지극으로 사용하여 변압기 중성점 접지를 한 저압전선로의 중성선 또는 접지측 전선에 추가로 접지공사 가능
　　　• 지중 매설이고 대지와의 전기저항 값이 3[Ω] 이하의 값을 유지하고 있는 금속제 수도관로
　　　• 대지 사이의 전기저항 값이 3[Ω] 이하인 값을 유지하는 건물의 철골
　　나. 접지도체는 공칭단면적 6[mm²] 이상의 연동선
　② 주택 등 저압수용장소 접지
　　가. 중성선 겸용 보호도체(PEN)
　　　• 고정 전기설비에만 사용 가능
　　　• **그 도체의 단면적이 구리는 10[mm²] 이상, 알루미늄은 16[mm²] 이상일 것**

(7) 변압기 중성점 접지(KEC 142.5조)

① 변압기의 중성점접지 저항 값(변압기의 고압·특고압측)
   가. 일반적 : $\frac{150}{I_1}$ 이하   여기서, I_1은 전로의 1선 지락전류
   나. 변압기의 고압·특고압측 전로 또는 사용전압이 35[kV] 이하의 특고압전로가 저압측 전로와 혼촉하고 저압전로의 대지전압이 150[V]를 초과하는 경우
   - 1초 초과 2초 이내에 자동으로 차단하는 장치를 설치 : $\frac{300}{I_1}$ 이하
   - 1초 이내에 자동으로 차단하는 장치를 설치 : $\frac{600}{I_1}$ 이하

② 전로의 1선 지락전류 : 실측값 사용(단, 실측이 곤란한 경우 선로정수 등으로 계산한 값)

(8) 공통접지 및 통합접지(KEC 142.6조)
   ① 공통접지 : 고압 및 특고압과 저압 전기설비의 접지극이 서로 근접하여 시설되어 있는 변전소 또는 이와 유사한 곳에 시설
   ② 통합접지 : 전기설비의 접지계통·건축물의 피뢰설비·전자통신설비 등의 접지극을 공용 낙뢰에 의한 과전압 등으로부터 전기전자기기 등을 보호하기 위해 서지보호장치 설치

(9) 감전보호용 등전위본딩(KEC 143조)
   ① 보호등전위본딩의 적용
      가. 건축물·구조물에서 접지도체, 주 접지단자와 다음의 도전성부분은 등전위본딩
         - 수도관·가스관 등 외부에서 내부로 인입되는 금속배관
         - 건축물·구조물의 철근, 철골 등 금속보강재
         - 일상생활에서 접촉이 가능한 금속제 난방배관 및 공조설비 등 계통외도전부
      나. 주 접지단자에 보호등전위본딩 도체, 접지도체, 보호도체, 기능성 접지도체를 접속
   ② 보호등전위본딩 도체
      가. 보호등전위본딩 도체
         - 건축물·구조물의 외부에서 내부로 들어오는 각종 금속제 배관
         - 수도관·가스관의 경우 내부로 인입된 최초의 밸브 후단
         - 건축물·구조물의 철근, 철골 등 금속보강재
         - **등전위본딩 도체** : 설비 내에 있는 가장 큰 보호접지도체 단면적의 1/2 이상의 단면적
            - 구리도체 : 6[㎟] 이상
            - 알루미늄 도체 : 16[㎟] 이상
            - 강철 도체 : 50[㎟] 이상
            - 주접지단자에 접속하기 위한 보호본딩도체의 단면적은 구리도체 25[㎟] 또는 다른 재질의 동등한 단면적을 초과하지 않아도 됨
      나. 보조 보호등전위본딩 도체
         - 두 개의 노출도전부를 접속하는 경우 도전성 : 노출도전부에 접속된 더 작은 보호도체의 도전성보다 클 것

- 노출도전부를 계통외도전부에 접속하는 경우 도전성 : 같은 단면적을 갖는 보호도체의 1/2 이상
- 케이블의 일부가 아닌 경우 또는 선로도체와 함께 수납되지 않은 본딩도체
  - 기계적 보호가 된 것 : 구리도체 2.5[㎟] 이상, 알루미늄 도체 16[㎟] 이상
  - 기계적 보호가 없는 것 : 구리도체 4[㎟] 이상, 알루미늄 도체 16[㎟] 이상

다. 비접지 국부등전위본딩(절연성 바닥)
- 전기설비 상호 간이 2.5[m] 이내인 경우
- 전기설비와 이를 지지하는 금속체 사이
- 전기설비 또는 계통외도전부를 통해 대지에 접촉 금지

7. 피뢰시스템(KEC 150조)

(1) 적용범위(KEC 151.1조)

① 전기전자설비가 설치된 건축물·구조물로서 낙뢰로부터 보호가 필요한 것 또는 지상으로부터의 높이가 20[m] 이상인 것

② 전기설비 및 전자설비 중 낙뢰로부터 보호가 필요한 설비

(2) 피뢰시스템의 구성(KEC 151.2조)

① 직격뢰로부터 대상물을 보호하기 위한 외부피뢰시스템

② 간접뢰 및 유도뢰로부터 대상물을 보호하기 위한 내부피뢰시스템

(3) 외부피뢰시스템(KEC 152조)

① 수뢰부시스템

가. **형식** : **돌침, 수평도체, 그물망도체**의 요소 중에 한 가지 또는 이를 조합

나. **배치**
- **보호각법, 회전구체법, 그물망법** 중 하나 또는 조합된 방법
- 건축물·구조물의 뾰족한 부분, 모서리 등에 우선하여 배치

② 인하도선시스템(수뢰부시스템과 접지시스템을 연결)

가. 구성
- 복수의 인하도선을 병렬로 구성
- 도선경로의 길이 최소화

나. 배치 방법
- 건축물·구조물과 분리된 피뢰시스템인 경우
  - 뇌전류의 경로가 보호대상물에 접촉하지 않도록 할 것
- 건축물·구조물과 분리되지 않은 피뢰시스템인 경우
  - 벽이 불연성 재료로 된 경우 : 벽의 표면 또는 내부에 시설
    벽이 가연성 재료인 경우 : 0.1[m] 이상 이격(이격이 불가능한 경우 도체의 단면적 100[㎟] 이상)

- 인하도선의 수 : 2가닥 이상
- 병렬 인하도선의 최대 간격(피뢰시스템 등급에 따라) : Ⅰ·Ⅱ 등급은 10[m], Ⅲ 등급은 15[m], Ⅳ 등급은 20[m]

다. 수뢰도체, 피뢰침, 인하도선의 재료, 형상과 최소 단면적

재료	형상	최소단면적[mm²]
구리, 주석도금한 구리	테이프형 단선	50
	원형 단선(a)	50
	연선(b)	50
	원형 단선(c)	176
알루미늄	테이프형 단선	70
	원형 단선	50
	연선	50
알루미늄합금	테이프형 단선	50
	원형 단선	50
	연선	50
	원형 단선(c)	176
구리피복알루미늄합금	원형 단선	50
용융아연도금강	테이프형 단선	50
	원형 단선	50
	연선	50
	원형 단선(c)	176
구리피복강	원형 단선	50
	테이프형 단선	50
	테이프형 단선(d)	50
스테인리스강	원형 단선(d)	50
	연선	70
	원형 단선(c)	176

a : 내식, 기계적 및 전기적 특성은 62561 요구사항을 따라야 함
b : 기계적 강도가 요구되지 않는 경우, 단면적 50[mm²](지름 8[mm])를 25[mm²]로 줄일 수 있음
c : 피뢰침 및 대지 인입 봉에 적용 가능
d : 열적/기계적 강도가 중요하다면 75[mm²]로 할 수 있음

③ 접지극시스템(뇌전류를 대지로 방류)

가. 구성

수평 또는 수직접지극(A형) 또는 환상도체접지극 또는 기초접지극(B형) 중 하나 또는 조합한 시설

나. 접지극의 시설
- 지표면에서 0.75[m] 이상 깊이로 매설

다. 접지극의 재료, 형상과 최소 치수

재료	형상	치수		
		접지봉 지름[mm]	접지도체[mm²]	접지판[mm]
구리, 주석도금한 구리	연선		50	
	원형 단선	15	50	
	테이프형 단선		50	
	파이프	20		
	판상 단선			500×500
	격자판(b)			600×600
용융아연도금강	원형 단선	14	78	
	파이프	25		
	테이프형 단선		90	
	판상 단선			500×500
	격자판(b)			600×600
	프로필	(c)		
나강(a)	연선		70	
	원형 단선		78	
	테이프형 단선		75	
구리피복강	원형 단선	14	50	
	테이프형 단선		90	
스테인리스강	원형 단선	15	78	
	테이프형 단선		100	

a : 최소 50[mm] 깊이로 콘크리트 내에 매입할 것
b : 최소 총길이 4.8[m] 도체로 시설된 격자판
c : 상이한 프로필은 단면적 290[mm²] 및 최소두께 3[mm]를 허용

(4) 내부피뢰시스템(KEC 153조)

① 전기전자설비 보호용 피뢰시스템
뇌서지에 대한 보호 방법
- 전기적 절연
- 접지·본딩
- 서지보호장치 시설

② 전기전자설비의 접지·본딩으로 보호
전기전자설비를 보호하는 접지·본딩
- 접지 : 뇌서지 전류를 대지로 방류
- 본딩 : 전위차를 해소하고 자계를 감소

③ **전기전자설비 보호를 위한 서지보호장치 시설**
서지보호장치의 선정
- 전기설비 : 저전압 서지 보호 장치, 저전압 배전 계통에 접속한 서지보호 장치, 저압전력 계통의 저압 서지보호장치에 의한 제품을 사용
- 전자·통신설비 : 저전압 서지보호장치, 통신망과 신호망 접속용 서지보호장치

이론 요약

1. 용어 정리

① 급전소 : 전력계통의 운용에 관한 지시 및 급전조작을 하는 곳

② 이웃 연결 인입선 : 한 수용장소의 인입선에서 분기하여 지지물을 거치지 아니하고 다른 수용장소의 인입구에 이르는 부분의 전선

③ 조상설비 : 무효전력을 조정하는 전기기계기구

④ 관등회로 : 방전등용 안정기로부터 방전관까지의 전로

⑤ 지중 관로 : 지중 전선로, 지중 약전류 전선로, 지중 광섬유 케이블 선로, 지중에 시설하는 수관 및 가스관과 이와 유사한 것 및 이들에 부속하는 지중함 등

⑥ 제2차 접근상태 : 가공전선이 다른 시설물과 접근하는 경우에 수평 거리로 3[m] 미만인 곳

⑦ 서지보호장치(SPD) : 과도 과전압을 제한하고 서지전류를 분류시키기 위한 장치

⑧ 직류자계 : 0[Hz]인 직류전로에서 형성되는 정자계

⑨ 전압의 종별

- 저압 : 직류는 1.5[kV]이하, 교류는 1[kV] 이하인 것
- 고압 : 저압을 넘고 7[kV] 이하인 것
- 특고압 : 7[kV]를 초과하는 것

※ 특별저압(ELV) : 인체에 위험을 초래하지 않을 정도의 저압(직류 120[V] 이하 및 교류 50[V] 이하).
　　SELV : 비접지회로, PELV : 접지회로

⑩ 전선

- 전선의 식별

상(문자)	색상
L1	갈색
L2	검은색
L3	회색
N	파란색
보호도체	녹색-노란색

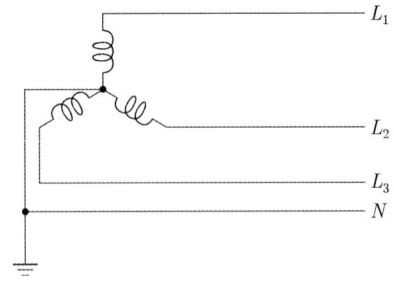

- 전선의 접속 : 전선의 세기(인장하중)를 20[%] 이상 감소시키지 말 것
- 전선의 병렬 사용 : 동선 50[mm²] 이상 또는 알루미늄 70[mm²] 이상
　　　　　　　　　전자적 불평형 발생 금지

2. 전로의 절연

① 누설전류 : 사용전압이 저압인 전로에서 정전이 어려운 경우 등 절연저항 측정이 곤란한 경우 1[mA] 이하로 유지

② 절연 성능

전로의 사용전압[V]	DC 시험전압[V]	절연저항[MΩ]
SELV 및 PELV	250	0.5
FELV, 500[V] 이하	500	1.0
500[V] 초과	1,000	1.0

【주】특별저압(Extra Low Voltage : 2차 전압이 AC 50[V], DC 120[V] 이하)으로 SELV(비접지회로 구성) 및 PELV(접지회로 구성)은 1차와 2차가 전기적으로 절연된 회로, FELV는 1차와 2차가 전기적으로 절연되지 않은 회로

③ 절연 제외 장소
- 접지공사를 하는 경우의 접지점
- 시험용 변압기
- 전기욕기, 전기로, 전기보일러, 전해조 등

④ 절연내력시험
- 고압 및 특고압의 전로, 변압기, 차단기 기타의 기구
  - 전로와 대지 사이에 연속하여 10분간
  - 케이블 사용하는 경우 : 교류 시험전압의 2배인 직류

구 분		배율	최저 전압
중성점 접지식이 아닌 경우	7[kV] 이하	1.5	500[V] (전로제외)
	7[kV] 초과 ~ 60[kV] 이하	1.25	10.5[kV]
	60[kV] 초과(비접지식)	1.25	
중성점 접지식	60[kV] 초과(중성점 접지식) (성형결선, 또는 스콧결선의 것에 한한다)	1.1	75[kV]
중성점 직접 접지식	7[kV] 초과 ~ 25[kV] 이하 (중성점 다중 접지식)	0.92	
	60[kV] 초과 ~ 170[kV]까지	0.72	
	170[kV] 초과	0.64	

- 회전기

종 류		시험 전압	시험 방법
회전기	발전기·전동기·무효 전력 보상 장치·기타회전기 (회전변류기를 제외한다) 최대사용전압 7[kV] 이하	최대사용전압의 1.5배의 전압(500[V] 미만으로 되는 경우에는 500[V])	권선과 대지 사이에 연속하여 10분간 가한다.
	최대사용전압 7[kV] 초과	최대사용전압의 1.25배의 전압 (10.5[kV] 미만으로 되는 경우에는 10.5[kV])	
	회전변류기	직류측의 최대사용전압의 1배의 교류전압(500[V] 미만으로 되는 경우에는 500[V])	

3. 접지시스템

① 접지시스템의 구분 및 종류
- 구분 : 계통접지, 보호접지, 피뢰시스템 접지
- 종류 : 단독접지, 공통접지, 통합접지
    - 공통접지 : 고압 및 특고압과 저압 전기설비의 접지극이 서로 근접하여 시설되어 있는 변전소 또는 이와 유사한 곳에 시설
    - 통합접지 : 전기설비의 접지설비, 건축물의 피뢰설비·전자통신설비 등의 접지극을 공용. 낙뢰에 의한 과전압 등으로부터 전기전자기기 등을 보호하기 위해 서지보호장치 설치

② 접지시스템의 구성요소 : 접지극, 접지도체, 보호도체, 기타 설비

③ 접지극과 접지도체 시설
- 접지극은 지하 0.75 [m] 이상 깊이 매설
- 접지극을 지중에서 그 금속체로부터 1 [m] 이상 떼어 매설할 것
- 접지도체는 절연전선(OW제외) 또는 케이블을 사용할 것
- 접지도체의 지하 0.75 [m]로부터 지표상 2 [m]까지의 부분은 합성수지관 사용 덮을 것

④ 접지극 사용 : 수도관, 건물철골 접지
- 금속제 수도관로 : 3[Ω] 이하
- 건물의 철골 : 2[Ω] 이하

⑤ 접지도체
- 접지도체의 단면적[mm²]

접지도체의 종류	큰 고장전류가 접지도체를 통해 흐르지 않을 경우	접지도체에 피뢰시스템이 접속되는 경우
구리(동)	6[mm²] 이상	16[mm²] 이상
철제	50[mm²] 이상	50[mm²] 이상

- 특고압·고압 전기설비용 접지도체 : 6[mm²] 이상의 연동선
- 중성점 접지용 접지도체 : 16[mm²] 이상의 연동선
    예외) 6[mm²] 이상의 연동선 사용
    ☞ 7[kV] 이하의 전로
    ☞ 사용전압이 25[kV] 이하인 특고압 가공전선로(중성선 다중접지식의 것)

- 수용장소 인입구 추가접지 : 수도관, 건물철골 3 [Ω] 이하(접지도체 : 6[mm²] 이상의 연동선 사용)

⑥ 보호도체

선도체의 단면적 S (mm², 구리)	보호도체의 최소 단면적(mm², 구리)	
	보호도체의 재질이 선도체와 같은 경우	보호도체의 재질이 선도체와 다른 경우
16[mm²] 이하	S	$(k_1/k_2) \times S$
16[mm²] 초과 35[mm²] 이하	16	$(k_1/k_2) \times 16$
35[mm²] 초과	$S/2$	$(k_1/k_2) \times (S/2)$

- 보호도체의 단면적 계산 값(차단시간이 5초 이하인 경우) : $S = \dfrac{\sqrt{I^2 t}}{k}$ [㎟]

- 보호도체와 계통도체를 겸용
  - 중성선과 겸용(PEN) : 교류에서 중선선 겸용 보호도체
  - 선도체와 겸용(PEL) : 직류에서 선도체 겸용 보호도체
  - 중간도체와 겸용(PEM) : 직류에서 중간도체 겸용 보호도체

- 겸용도체(고정된 전기설비에서만 사용) : 구리 10[㎟], 알루미늄 16[㎟] 이상

- 보호도체가 케이블의 일부가 아니거나 선도체와 동일 외함에 설치되지 않는 경우
  - 기계적 손상에 대해 보호가 되는 경우 : 구리 2.5[㎟], 알루미늄 16[㎟] 이상
  - 기계적 손상에 대해 보호가 되지 않는 경우 : 구리 4[㎟], 알루미늄 16[㎟] 이상

⑦ 변압기 중성점접지 저항 값(변압기의 고압·특고압측)

- 일반적 : $\dfrac{150}{I_1}$ 이하   (여기서, I_1은 전로의 1선 지락전류)

- 1초 초과 2초 이내에 자동으로 차단하는 장치를 설치 : $\dfrac{300}{I_1}$ 이하

- 1초 이내에 자동으로 차단하는 장치를 설치 : $\dfrac{600}{I_1}$ 이하

⑧ 감전보호용 등전위본딩

- 보호등전위본딩 도체
  - 건축물·구조물의 외부에서 내부로 들어오는 각종 금속제 배관
  - 수도관·가스관의 경우 내부로 인입된 최초의 밸브 후단
  - 건축물·구조물의 철근, 철골 등 금속보강재

- 단면적 : 설비 내에 있는 가장 큰 보호접지도체 단면적의 1/2 이상
  구리도체 : 6[㎟] 이상, 알루미늄 도체 : 16[㎟] 이상, 강철 도체 : 50[㎟] 이상

- 보조 보호등전위본딩 도체
  - 기계적 보호가 된 것 : 구리도체 2.5[㎟] 이상, 알루미늄 도체 16[㎟] 이상
  - 기계적 보호가 없는 것 : 구리도체 4[㎟] 이상, 알루미늄 도체 16[㎟] 이상

4. 피뢰시스템

① 피뢰시스템의 적용

- 전기전자설비가 설치된 건축물·구조물로서 낙뢰로부터 보호가 필요한 것 또는 지상으로부터의 높이가 20[m] 이상인 것
- 전기설비 및 전자설비 중 낙뢰로부터 보호가 필요한 설비

② 외부피뢰시스템 : 수뢰부 시스템, 인하도선 시스템, 접지극 시스템

- 수뢰부 시스템 : 돌침, 수평도체, 그물망도체의 요소 중에 한 가지 또는 이를 조합
  - 재료(원형단선 50[mm²]) : 구리, 주석도금한 구리, 알루미늄. 알루미늄합금, 용융아연도금강, 구리피복강, 스테인리스강

- 인하도선 시스템(수뢰부시스템과 접지시스템을 연결)
  - 재료(원형단선 50[mm²]) : 구리, 주석도금한 구리, 알루미늄. 알루미늄합금, 용융아연도금강, 구리피복강, 스테인리스강

- 접지극 시스템(뇌전류를 대지로 방류)
  - 재료(원형단선 50[mm²]) : 구리, 주석도금한 구리, 구리피복강
  - 재료(원형단선 78[mm²]) : 용융아연도금강, 나강, 스테인리스강

③ 내부피뢰시스템(전기전자설비 보호용)

- 서지보호장치 시설

CHAPTER 01 필수 기출문제

꼭! 나오는 문제만 간추린

01 "지중 관로"에 대한 정의로 옳은 것은?
① 지중 전선로, 지중 약전류 전선로와 지중 매설지선 등을 말한다.
② 지중 전선로, 지중 약전류 전선로와 복합 케이블 선로, 기타 이와 유사한 것 및 이들에 부속하는 지중함을 말한다.
③ 지중 전선로, 지중 약전류 전선로, 지중에 시설하는 수관 및 가스관과 지중 매설지선을 말한다.
④ 지중 전선로, 지중 약전류 전선로, 지중 광섬유 케이블 선로, 지중에 시설하는 수관 및 가스관과 기타 이와 유사한 것 및 이들에 부속하는 지중함 등을 말한다.

해설 (KEC 112조) 용어 정의
"지중 관로" 지중 전선로, 지중 약전류 전선로, 지중 광섬유 케이블 선로, 지중에 시설하는 수관 및 가스관 기타 이와 유사한 것 및 이들에 부속하는 지중함 등을 말한다. 【답】④

02 관등 회로에 대한 설명으로 옳은 것은?
① 분기점으로부터 안정기까지의 전로를 말한다.
② 스위치로부터 방전등까지의 전로를 말한다.
③ 스위치로부터 안정기까지의 전로를 말한다.
④ 방전등용 안정기 또는 방전등용 변압기로부터 방전관까지의 전로를 말한다.

해설 (KEC 112조) 용어 정의
"관등회로"란 방전등용 안정기 또는 방전등용 변압기로부터 방전관까지의 전로를 말한다. 【답】④

03 전력 계통의 운용에 관한 지시를 하는 곳은?
① 급전소 ② 개폐소
③ 변전소 ④ 발전소

해설 (KEC 112조) 용어 정의
"급전소"란 전력 계통의 운용에 관한 지시 및 급전 조작을 하는 곳을 말한다. 【답】①

04 한 수용장소의 인입구에서 분기하여 지지물을 거치지 않고 다른 수용장소의 인입구에 이르는 부분을 무엇이라 하는가?
① 가공 인입선 ② 이웃연결 인입선
③ 옥상 배선 ④ 옥측 배선

해설 (KEC 112조) 용어 정의
"이웃연결 인입선"이란 한 수용장소의 인입선에서 분기하여 지지물을 거치지 아니하고 수용장소의 인입구에 이르는 부분의 전선을 말한다. 【답】②

05 다음 중 "제2차 접근 상태"를 바르게 설명한 것은 어느 것인가?
① 가공전선이 전선의 절단 또는 지지물의 도괴 등이 되는 경우에 당해 전선이 다른 시설물에 접속될 우려가 있는 상태를 말한다.
② 가공전선이 다른 시설물과 접근하는 경우에 당해 가공전선이 다른 시설물의 위쪽 또는 옆쪽에서 수평 거리로 3미터 미만인 곳에 시설되는 상태를 말한다.
③ 가공전선이 다른 시설물과 접근하는 경우에 가공 전선이 다른 시설물의 위쪽 또는 옆쪽에서 수평 거리로 3미터 이상에 시설되는 것을 말한다.
④ 가공 선로 중 제1차 접근 시설로 접근할 수 없는 시설로서 제2차 보호 조치나 안전시설을 하여야 접근할 수 있는 상태의 시설을 말한다.

해설 (KEC 112조) 용어 정의
"제2차 접근 상태"란 가공전선이 다른 시설물과 접근하는 경우에 그 가공전선이 다른 시설물의 위쪽 또는 옆쪽에서 수평 거리로 3[m] 미만인 곳에 시설되는 상태를 말한다. 【답】②

06 ★★★★★ 다음의 접지방식 중 전력계통에서 돌발적으로 발생하는 이상 현상에 대비하여 대지와 계통을 연결하는 것으로, 중성점을 대지에 접속하는 접지방식은 어느 것인가?
① 계통접지 ② 보호접지
③ 피뢰시스템 접지 ④ 통합접지

해설 (KEC 112조) 용어 정의
"계통접지(System Earthing)"란 전력계통에서 돌발적으로 발생하는 이상 현상에 대비하여 대지와 계통을 연결하는 것으로, 중성점을 대지에 접속하는 것 【답】①

07 리플프리직류라는 것은 교류를 직류로 변환할 때 리플성분의 실효값이 몇 [%] 이하로 포함된 직류를 말하는 것인가?
① 3[%] ② 5[%]
③ 10[%] ④ 20[%]

해설 (KEC 112조) 용어 정의
"리플프리직류"란 교류를 직류로 변환할 때 리플성분의 **실효값이 10[%]** 이하로 포함된 직류 【답】③

08 특별저압(ELV, Extra Low Voltage)은 인체에 위험을 초래하지 않을 정도의 저압으로 2차 전압이 직류와 교류에서 전압의 한계는 얼마인가?
① AC 30[V] 이하, DC 80[V] 이하 ② AC 50[V] 이하, DC 100[V] 이하
③ AC 50[V] 이하, DC 120[V] 이하 ④ AC 100[V] 이하, DC 150[V] 이하

해설 (KEC 112조) 용어 정의
특별저압(extra low voltage : 2차 전압이 AC 50[V], DC 120[V] 이하)으로 SELV(비접지회로 구성) 및 PELV(접지회로 구성)은 1차와 2차가 전기적으로 절연된 회로, FELV는 1차와 2차가 전기적으로 절연되지 않은 회로 【답】③

09 고압 교류전압 E[kV]의 범위는?
① $7 \geq E > 1$ ② $7 \geq E > 0.7$
③ $7 \geq E > 0.6$ ④ $3.5 \geq E > 0.5$

해설 (KEC 111.1조) 전압의 구분
전압을 구분하는 저압, 고압 및 특고압은 다음 각 호의 것을 말한다.
① 저압 : 직류는 1.5[kV] 이하, 교류는 1[kV] 이하인 것
② 고압 : 직류는 1.5[kV]를, 교류는 1[kV]를 초과하고, 7[kV] 이하인 것
③ 특고압 : 7[kV]를 초과하는 것

【답】①

10. 특고압은 몇 [kV]를 넘는 전압인가?

① 6.6
② 7
③ 11.3
④ 22.9

해설 (KEC 111.1조) 전압의 구분
전압을 구분하는 저압, 고압 및 특고압은 다음 각 호의 것을 말한다.
① 저압 : 직류는 1.5[kV] 이하, 교류는 1[kV] 이하인 것
② 고압 : 직류는 1.5[kV]를, 교류는 1[kV]를 초과하고, 7[kV] 이하인 것
③ 특고압 : 7[kV]를 초과하는 것

【답】②

11. 인체의 감전에 대한 보호의 내용 중 고장보호는 기본절연의 고장에 의한 간접접촉을 방지하는 것이다. 이에 해당하지 않는 것은?

① 인축의 몸을 통해 고장전류가 흐르는 것을 방지
② 인축의 몸을 통해 전류가 흐르는 것을 방지
③ 인축의 몸에 흐르는 고장전류를 위험하지 않는 값 이하로 제한
④ 인축의 몸에 흐르는 고장전류의 지속시간을 위험하지 않은 시간까지로 제한

해설 (KEC 113.2조) 감전에 대한 보호
① 기본보호는 일반적으로 직접접촉을 방지하는 것으로, 전기설비의 충전부에 인축이 접촉하여 일어날 수 있는 위험으로부터 보호되어야 한다.
  가. 인축의 몸을 통해 전류가 흐르는 것을 방지
  나. 인축의 몸에 흐르는 전류를 위험하지 않은 값 이하로 제한
② 고장 보호는 일반적으로 기본절연의 고장에 의한 간접접촉을 방지하는 것이다.
  가. 인축의 몸을 통해 고장전류가 흐르는 것을 방지
  나. 인축의 몸에 흐르는 고장전류를 위험하지 않은 값 이하로 제한
  다. 인축의 몸에 흐르는 고장전류의 지속시간을 위험하지 않은 시간까지로 제한

【답】②

12. ★★★★★ 전선의 색상 식별에서 중성선의 색상은?

① 갈색
② 검은색
③ 회색
④ 파란색

해설 (KEC 121.2조) 전선의 식별

상(문자)	색상
L1	갈색
L2	검은색
L3	회색
N	파란색
보호도체	녹색-노란색

【답】④

13 전선을 접속한 경우 접속 부분의 인장 세기는 전선 인장 몇 [%] 이상이어야 하는가?
① 20 ② 60
③ 80 ④ 100

해설 (KEC 123조) 전선의 접속
① 전선의 세기(인장하중)는 20[%] 이상 감소시키지 말 것
② 전선의 접속 부분은 접속관이나 기타 기구를 사용할 것
③ 전선의 전기적 저항을 증가시키지 말 것
【답】③

14 두 개 이상의 전선을 병렬로 사용하는 경우에서 틀린 것은?
① 동선 50[mm²] 이상 또는 알루미늄 70[mm²] 이상으로 하고, 전선은 같은 도체, 같은 재료, 같은 길이 및 같은 굵기의 것을 사용할 것
② 같은 극의 각 전선은 동일한 터미널러그에 완전히 접속할 것
③ 병렬로 사용하는 전선에는 반드시 각각에 퓨즈를 설치할 것
④ 교류회로에서 병렬로 사용하는 전선은 금속관 안에 전자적 불평형이 생기지 않도록 시설할 것

해설 (KEC 123조) 전선의 접속
두 개 이상의 전선을 병렬로 사용하는 경우
• 동선 50[mm²] 이상 또는 알루미늄 70[mm²] 이상으로 하고, 전선은 같은 도체, 같은 재료, 같은 길이 및 같은 굵기의 것을 사용할 것.
• 같은 극의 각 전선은 동일한 터미널러그에 완전히 접속할 것.
• 같은 극인 각 전선의 터미널러그는 동일한 도체에 2개 이상의 리벳 또는 2개 이상의 나사로 접속할 것.
• 병렬로 사용하는 전선에는 각각에 퓨즈를 설치하지 말 것.
• 교류회로에서 병렬로 사용하는 전선은 금속관 안에 전자적 불평형이 생기지 않도록 시설할 것.
【답】③

15 저압의 전선로 중 절연 부분의 전선과 대지 간의 절연저항은 사용전압에 대한 누설전류가 최대 공급 전류의 몇 분의 1을 넘지 않도록 유지해야 하는가?
① $\dfrac{1}{1,000}$ ② $\dfrac{1}{2,000}$
③ $\dfrac{1}{3,000}$ ④ $\dfrac{1}{4,000}$

해설 (기술기준 제27조) 전선로의 전선 및 절연 성능
저압 전선로 중 절연 부분의 전선과 대지 간 및 전선의 심선 상호 간의 절연저항은 사용전압에 대한 누설전류가 최대 공급 전류의 1/2,000을 넘지 않도록 하여야 한다.
【답】②

16 1차 전압 22.9[kV], 2차 전압 100[V]로서 용량 15[kVA]의 변압기에서 공급하는 저압 전선로의 허용 누설전류의 최대값은 몇 [mA]로 되는가?
① 35 ② 50
③ 75 ④ 80

해설 (기술기준 제27조) 전선로의 전선 및 절연 성능
저압 전선로 중 절연 부분의 전선과 대지 간 및 전선의 심선 상호 간의 절연저항은 사용전압에 대한 누설전류가 최대 공급 전류의 1/2,000을 넘지 않도록 하여야 한다.
최대공급전류 $I = \dfrac{P}{V} = \dfrac{15 \times 10^3}{100} = 150 [\text{A}]$

누설전류 = 최대 공급 전류 $\times \dfrac{1}{2,000} = 150 \times \dfrac{1}{2,000} \times 10^3 = 75 [\text{mA}]$
【답】③

17 사용전압이 저압인 전로에서 절연저항 측정이 곤란한 경우에는 누설전류는 몇 [mA] 이하로 유지하여야 하는가?

① 0.1
② 0.5
③ 1
④ 1.5

해설 (KEC 132조) 전로의 절연저항 및 절연내력
사용전압이 저압인 전로에서 절연저항 측정이 곤란한 경우에는 누설전류를 1[mA] 이하로 유지하여야 한다. 【답】③

18 전로의 사용전압이 SELV 및 PELV인 경우 전로 대지 간의 절연저항은 몇 [MΩ] 이상이어야 하는가?

① 0.1
② 0.2
③ 0.5
④ 1

해설 (기술기준 제52조) 저압전로의 절연저항

전로의 사용전압[V]	DC 시험전압[V]	절연저항[MΩ]
SELV 및 PELV	250	0.5
FELV, 500[V] 이하	500	1.0
500[V] 초과	1,000	1.0

[주] 특별저압(extra low voltage : 2차 전압이 AC 50V, DC 120V 이하)으로 SELV(비접지회로 구성) 및 PELV(접지회로 구성)은 1차와 2차가 전기적으로 절연된 회로, FELV는 1차와 2차가 전기적으로 절연되지 않은 회로

【답】③

19 대지 전압이 200[V]인 저압 전로의 전선 상호 간 및 전로 대지 간의 절연저항은 몇 [MΩ] 이상이어야 하는가?

① 0.1
② 0.2
③ 0.3
④ 1

해설 (기술기준 제52조) 저압전로의 절연저항

전로의 사용전압[V]	DC 시험전압[V]	절연저항[MΩ]
SELV 및 PELV	250	0.5
FELV, 500[V] 이하	500	1.0
500[V] 초과	1,000	1.0

[주] 특별저압(extra low voltage : 2차 전압이 AC 50V, DC 120V 이하)으로 SELV(비접지회로 구성) 및 PELV(접지회로 구성)은 1차와 2차가 전기적으로 절연된 회로, FELV는 1차와 2차가 전기적으로 절연되지 않은 회로

【답】④

20 최대 사용전압이 22,900[V]인 3상 4선식 중성선 다중접지식 전로와 대지 사이의 절연내력 시험전압은 몇 [V]인가?

① 21,068
② 25,229
③ 28,752
④ 32,510

해설 (KEC 132조) 고압·특고압의 전로의 절연내력

접지 방식	최대 사용전압	시험전압(최대 사용전압의 배수)	최저 시험 전압
비접지	7,000[V] 이하	1.5배	
	7,000[V] 초과	1.25배	10,500[V]
중성점 접지	60,000[V] 초과	1.1배	75,000[V]
중성점 직접 접지	60,000[V] 초과 170,000[V] 이하	0.72배	
	170,000[V] 초과	0.64배	
중성점 다중 접지	25,000[V] 이하	0.92배	

∴ 시험전압 = 22,900 × 0.92 = 21,068[V]

【답】①

---

21 고압 및 특고압의 전로에 절연내력 시험을 하는 경우 시험전압을 연속 얼마 동안 가하는가?
① 10초
② 1분
③ 5분
④ 10분

해설 (KEC 132조) 전로의 절연저항 및 절연내력
고압 및 특고압의 전로는 시험전압을 전로와 대지 사이에 연속하여 10분간 가하여 절연내력을 시험하였을 때에 이에 견디어야 한다.

【답】④

---

22 ★★★★★ 중성점 직접접지식으로서 최대 사용전압이 161[kV]인 변압기 권선의 절연내력 시험전압은 몇 [kV]인가?
① 103.04
② 115.92
③ 148.12
④ 177.1

해설 (KEC 135조) 변압기 전로의 절연내력

구분		배율	최저 전압
중성점 직접 접지식	7[kV] 초과 ~ 25[kV] 이하(중성점 다중 접지식)	0.92	
	60[kV] 초과 ~ 170[kV]까지	0.72	
	170[kV] 초과	0.64	

절연내력 시험전압 : 161 × 0.72 = 115.92[kV]

【답】②

---

23 중성점 직접 접지식 전로에 접속하는 것으로 성형 결선으로 된 변압기의 최대 사용전압이 345[kV]라 하면 이 변압기의 내압 시험전압은 얼마가 되는가?
① 220.8[kV]
② 248.4[kV]
③ 379.5[kV]
④ 431.25[kV]

해설 (KEC 135조) 변압기 전로의 절연내력

구분		배율	최저 전압
중성점 직접 접지식	7[kV] 초과 ~ 25[kV] 이하(중성점 다중 접지식)	0.92	
	60[kV] 초과 ~ 170[kV]까지	0.72	
	170[kV] 초과	0.64	

절연내력 시험전압 : 345 × 0.64 = 220.8[kV]

【답】①

24 발전기, 전동기, 무효 전력 보상 장치, 기타 회전기(회전변류기 제외)의 절연내력 시험 시 시험전압은 어느 곳에 가하면 되는가?

① 권선과 대지
② 외함과 전선
③ 외함과 대지
④ 회전자와 고정자

해설 (KEC 133조) 회전기 및 정류기의 절연내력

종류			시험 전압	시험 방법
회전기	발전기·전동기·무효 전력 보상 장치·기타회전기 (회전변류기를 제외)	최대사용전압 7[kV] 이하	최대사용전압의 1.5배의 전압(500[V] 미만으로 되는 경우에는 500[V])	권선과 대지 사이에 연속하여 10분간 가한다.
		최대사용전압 7[kV] 초과	최대사용전압의 1.25배의 전압 (10.5[kV] 미만으로 되는 경우에는 10.5[kV])	
	회전변류기		직류측의 최대사용전압의 1배의 교류전압(500[V] 미만으로 되는 경우에는 500[V])	

【답】①

25 최대 사용전압이 6.6[kV]인 3상 유도전동기의 권선과 대지 사이의 절연내력 시험전압은 몇 [kV]인가?

① 7.26
② 7.92
③ 8.25
④ 9.9

해설 (KEC 133조) 회전기 및 정류기의 절연내력
위의 표에서 최대 사용전압 7[kV] 이하의 경우 1.5배이다.
∴ 절연내력 시험전압 : 6.6 × 1.5 = 9.9[kV]

【답】④

26 접지시스템의 구성요소에 해당되지 않는 것은?

① 접지극
② 접지도체
③ 보호도체
④ 접지대상도체

해설 (KEC 142.1.1조) 접지시스템 구성요소
접지시스템의 구성요소는 접지극, 접지도체, 보호도체, 기타 설비(접지극은 접지도체를 사용하여 주접지단자에 연결하여야 한다)로 구성한다.

【답】④

27 접지 공사의 접지극으로 사용되는 수도관 접지저항의 최대값[Ω]은?

① 2
② 3
③ 5
④ 10

해설 (KEC 142.2조) 접지극의 시설 및 접지저항
대지와의 전기저항 값이 3[Ω] 이하의 값을 유지하고 있는 금속제 수도관로 : 각종 접지 공사의 접지극으로 사용 가능

【답】②

28 수도관 등을 접지극으로 사용하는 경우에 대한 내용들이다. (ⓐ), (ⓑ), (ⓒ) 안에 들어갈 숫자로 옳은 것은?

> 접지도체와 금속제 수도관로의 접속은 안지름 (ⓐ)[mm] 이상인 부분 또는 여기에서 분기한 안지름 (ⓑ)[mm] 미만인 분기점으로부터 5[m] 이내의 부분에서 하여야 한다. 다만, 금속제 수도관로와 대지 사이의 전기저항 값이 (ⓒ)[Ω] 이하인 경우에는 분기점으로부터의 거리는 5[m]을 넘을 수 있다.

① ⓐ 50, ⓑ 75, ⓒ 3
② ⓐ 75, ⓑ 50, ⓒ 2
③ ⓐ 75, ⓑ 75, ⓒ 2
④ ⓐ 50, ⓑ 50, ⓒ 3

해설 (KEC 142.2조) 접지극의 시설 및 접지저항
접지도체와 금속제 수도관로의 접속은 안지름 75[mm] 이상인 부분 또는 여기에서 분기한 안지름 75[mm] 미만인 분기점으로부터 5[m] 이내의 부분에서 하여야 한다. 다만, 금속제 수도관로와 대지 사이의 전기저항 값이 2[Ω] 이하인 경우에는 분기점으로부터의 거리는 5[m]을 넘을 수 있다.
【답】③

29 비접지식 고압 전로와 접속되는 변압기의 외함에 실시하는 접지 공사의 접지극으로 사용할 수 있는 건물 철골의 대지 전기저항의 최대값[Ω]은 얼마인가?

① 2
② 3
③ 5
④ 10

해설 (KEC 142.2조) 접지극의 시설 및 접지저항
대지와의 사이에 전기저항 값이 2[Ω] 이하인 값을 유지하는 건물의 철골 기타의 금속제는 이를 비접지식 고압 전로에 시설하는 기계기구의 철대(鐵臺) 또는 금속제 외함의 접지 공사 또는 비접지식 고압 전로와 저압 전로를 결합하는 변압기의 저압 전로의 접지 공사의 접지극으로 사용할 수 있다.
【답】①

30 접지도체의 선정 시에 큰 고장전류가 접지도체를 통하여 흐르지 않을 경우 접지도체는 구리(동)도체의 경우 최소 단면적은 얼마인가?

① 2.5[mm²]
② 6[mm²]
③ 10[mm²]
④ 16[mm²]

해설 (KEC 142.3.1.1조) 접지도체의 선정
큰 고장전류가 접지도체를 통하여 흐르지 않을 경우 접지도체의 최소 단면적
• 구리 : 6[mm²] 이상
• 철제 : 50[mm²] 이상
【답】②

31 접지도체의 선정 시에 접지도체에 피뢰시스템이 접속되는 경우 접지도체는 구리(동)도체의 경우 최소 단면적은 얼마인가?

① 10[mm²]
② 16[mm²]
③ 25[mm²]
④ 50[mm²]

해설 (KEC 142.3.1.1조) 접지도체의 선정
접지도체에 피뢰시스템이 접속되는 경우
• 구리 : 16[mm²] 이상
• 철제 : 50[mm²] 이상
【답】②

32
접지도체의 선정 시에 특고압·고압 전기설비용 접지도체의 최소 단면적은 얼마인가?
① 2.5[mm²]
② 6[mm²]
③ 10[mm²]
④ 16[mm²]

해설 (KEC 142.3.1.6조) 접지도체의 굵기
- 특고압·고압 전기설비용 접지도체 : 6[mm²] 이상의 연동선
- 중성점 접지용 접지도체 : 16[mm²] 이상의 연동선

【답】②

33
접지도체의 선정 시에 중성점 접지용 접지도체의 최소 단면적은 얼마인가?
① 2.5[mm²]
② 6[mm²]
③ 10[mm²]
④ 16[mm²]

해설 (KEC 142.3.1.6조) 접지도체의 굵기
- 특고압·고압 전기설비용 접지도체 : 6[mm²] 이상의 연동선
- 중성점 접지용 접지도체 : 16[mm²] 이상의 연동선

【답】④

34
사용전압이 25[kV] 이하인 특고압 중성선 다중접지식의 것으로서 전로에 지락이 생겼을 때 2초 이내에 자동적으로 이를 전로로부터 차단하는 장치가 되어 있는 경우 중성점 접지용 접지도체의 최소 단면적은 얼마인가?
① 2.5[mm²]
② 6[mm²]
③ 10[mm²]
④ 16[mm²]

해설 (KEC 142.3.1.6조) 접지도체의 굵기
- 예외적으로 6[mm²] 이상의 연동선 사용
  - 7[kV] 이하의 전로
  - 사용전압이 25[kV] 이하인 특고압 가공전선로(단, 중성선 다중접지식의 것으로서 전로에 지락이 생겼을 때 2초 이내에 자동적으로 이를 전로로부터 차단하는 장치가 되어 있을 것)

【답】②

35
이동하여 사용하는 전기기계기구의 금속제외함등의 저압 전기설비용 접지도체는 다심 코드 또는 다심 캡타이어케이블의 1개 도체의 단면적이 몇 [mm²] 이상인 것을 사용하여야 하는가?
① 0.75
② 1.5
③ 6
④ 16

해설 (KEC 142.3.1조) 접지도체
저압 전기설비용 접지도체는 다심 코드 또는 다심 캡타이어케이블의 1개 도체의 단면적이 0.75[mm²] 이상

【답】①

36
접지시스템에서 선도체와 보호도체의 재질이 모두 구리이고 선도체의 단면적(S)이 35[mm²]를 초과하는 경우 보호도체의 최소 단면적은 몇 [mm²]인가?
① S
② 4
③ 16
④ S/2

해설 (KEC 142.3.2조) 보호도체

선도체의 단면적 S [mm²]	대응하는 보호도체의 최소 단면적[mm²]	
	보호도체의 재질이 선도체와 같은 경우	보호도체의 재질이 선도체와 다른 경우
$S \leq 16$	S	$\dfrac{k_1}{k_2} \times S$
$16 < S \leq 35$	16	$\dfrac{k_1}{k_2} \times 16$
$S > 35$	$\dfrac{S}{2}$	$\dfrac{k_1}{k_2} \times \dfrac{S}{2}$

【답】④

37. 보호도체의 단면적 계산식은?(차단 시간이 5초 이하인 경우에 한함)

① $S = \dfrac{\sqrt{I^2 t}}{k}$ [mm²] ② $S = \dfrac{\sqrt{I\,t}}{k}$ [mm²]

③ $S = \dfrac{\sqrt{k\,t}}{I^2}$ [mm²] ④ $S = \dfrac{\sqrt{k^2 t}}{I}$ [mm²]

해설 (KEC 142.3.2조) 보호도체
보호도체의 단면적 계산 값(차단시간이 5초 이하인 경우)
$S = \dfrac{\sqrt{I^2 t}}{k}$ (mm²)
여기서, S : 단면적[mm²]
I : 보호장치를 통해 흐를 수 있는 예상 고장전류 실효값[A]
t : 자동차단을 위한 보호장치의 동작시간[s]
k : 보호도체, 절연, 기타 부위의 재질 및 초기온도와 최종온도에 따라 정해지는 계수

【답】①

38. 보호도체의 보호에 대한 설명으로 틀린 것은?

① 보호도체를 접속하는 나사는 다른 목적으로 겸용해서는 안 된다.
② 접속부는 납땜(soldering)하여 전기적 연속성을 유지한다.
③ 나사접속·클램프접속 등 보호도체 사이 또는 보호도체와 타 기기 사이의 접속은 전기적연속성 보장 및 충분한 기계적강도와 보호를 구비하여야 한다.
④ 기계적인 손상, 화학적·전기화학적 열화, 전기역학적·열역학적 힘에 대해 보호되어야 한다.

해설 (KEC 142.3.2조) 보호도체
① 기계적인 손상, 화학적·전기화학적 열화, 전기역학적·열역학적 힘에 대해 보호되어야 한다.
② 나사접속·클램프접속 등 보호도체 사이 또는 보호도체와 타 기기 사이의 접속은 전기적연속성 보장 및 충분한 기계적 강도와 보호를 구비하여야 한다.
③ 보호도체를 접속하는 나사는 다른 목적으로 겸용해서는 안 된다.
④ 접속부는 납땜(soldering)으로 접속해서는 안 된다.

【답】②

39. 다음 중 보호도체와 계통도체를 겸용하는 겸용도체의 종류가 아닌 것은?

① PEN ② PEL
③ PEM ④ PEF

해설 (KEC 142.3.4조) 보호도체와 계통도체 겸용
보호도체와 계통도체를 겸용하는 겸용도체
• 중성선과 겸용(PEN)
• 선도체와 겸용(PEL)
• 중간도체와 겸용(PEM)

【답】④

40 다음 중 보호도체와 계통도체를 겸용하는 겸용도체의 종류 중 선도체와 겸용인 것은?
① PEN
② PEL
③ PEM
④ PEF

해설 (KEC 142.3.4조) 보호도체와 계통도체 겸용
보호도체와 계통도체를 겸용하는 겸용도체
• 중성선과 겸용(PEN)
• 선도체와 겸용(PEL)
• 중간도체와 겸용(PEM)

【답】②

41 주택 등 저압 수용 장소에서 고정 전기설비에 TN-C-S 방식으로 접지공사 시 중성선 겸용 보호도체(PEN)를 알루미늄으로 사용할 경우 단면적은 몇 [㎟] 이상인가?
① 2.5
② 6
③ 10
④ 16

해설 (KEC 142.4.2조) 주택 등 저압수용장소 접지
저압수용장소에서 계통접지가 TN-C-S 방식인 경우에 중성선 겸용 보호도체(PEN)는 고정 전기설비에만 사용할 수 있고, 그 도체의 단면적이 구리는 10[㎟] 이상, 알루미늄은 16[㎟] 이상이어야 한다.

【답】④

42 수용장소의 인입구 부근에 금속제 수도관로가 있는 경우 또는 대지 간의 전기저항 값이 몇 [Ω] 이하인 값을 유지하는 건물의 철골이 있는 경우에는 이것을 접지극으로 사용하여 저압 전선로의 접지 측 전선에 추가 접지할 수 있는가?
① 1[Ω]
② 2[Ω]
③ 3[Ω]
④ 4[Ω]

해설 (KEC 142.4.1조) 저압수용가 인입구 접지
수용장소의 인입구 부근에서 다음의 것을 접지극으로 사용하여 이를 접지 공사를 한 저압 전선로의 중성선 또는 접지 측 전선에 추가로 접지 공사를 할 수 있다.
① 금속제 수도관로가 있는 경우
② 대지 사이의 전기저항 값이 3[Ω] 이하인 값을 유지하는 건물의 철골이 있는 경우
③ TN-C-S 접지 계통으로 시설하는 저압 수용장소의 접지극
접지도체는 공칭 단면적 6[㎟] 이상의 연동선 또는 이와 동등 이상의 세기 및 굵기의 것을 사용할 것

【답】③

43 변압기의 중성점 접지 공사의 접지저항 값을 $\frac{150}{I_1}$ [Ω]으로 정하고 있는데, 이때 I_1에 해당하는 것은?
① 변압기의 고압 측 또는 특고압 측 전로의 1선 지락전류의 암페어 수
② 변압기의 고압 측 또는 특고압 측 전로의 단락 사고 시의 고장전류의 암페어 수
③ 변압기의 1차측과 2차측의 혼촉에 의한 단락전류의 암페어 수
④ 변압기의 1차와 2차에 해당되는 전류의 합

해설 (KEC 142.5조) 변압기 중성점 접지
1. 변압기의 중성점접지 저항 값(변압기의 고압·특고압측)
  가. 일반적 : $\frac{150}{I_1}$ 여기서, I_1은 전로의 1선 지락전류
  나. 변압기의 고압·특고압측 전로 또는 사용전압이 35[kV] 이하의 특고압전로가 저압측 전로와 혼촉하고 저압전로의 대지전압이 150[V]를 초과하는 경우
    – 1초 초과 2초 이내에 자동으로 차단하는 장치를 설치 : $\frac{300}{I_1}$

- 1초 이내에 자동으로 차단하는 장치를 설치 : $\dfrac{600}{I_1}$

2. 전로의 1선 지락전류는 실측값에 의한다(단, 실측이 곤란한 경우에는 선로정수 등으로 계산한 값). 【답】①

44 ★★★★★
접지 방식 중 전기설비의 접지계통·건축물의 피뢰설비·전자통신설비 등의 접지극을 공용하는 접지방식으로, 낙뢰에 의한 과전압 등으로부터 전기전자기기 등을 보호하기 위해 서지보호장치를 설치하여야 하는 접지 방식은?

① 단독접지
② 공용접지
③ 통합접지
④ 공통접지

해설 (KEC 142.6조) 공통접지 및 통합접지
전기설비의 접지계통·건축물의 피뢰설비·전자통신설비 등의 접지극을 공용하는 통합접지시스템으로 하는 경우, 낙뢰에 의한 과전압 등으로부터 전기전자기기 등을 보호하기 위해 서지보호장치를 설치하여야 한다. 【답】③

45
고압 및 특고압과 저압 전기설비의 접지극이 서로 근접하여 시설되어 있는 변전소 또는 이와 유사한 곳에 시설하는 접지 방식은?

① 단독접지
② 공용접지
③ 통합접지
④ 공통접지

해설 (KEC 142.6조) 공통접지 및 통합접지
공통접지 : 고압 및 특고압과 저압 전기설비의 접지극이 서로 근접하여 시설되어 있는 변전소 또는 이와 유사한 곳에 시설 【답】④

46
피뢰 시스템을 적용하는 곳은 전기전자설비가 설치된 건축물·구조물로서 낙뢰로부터 보호가 필요한 것 또는 지상으로부터 높이가 몇 [m] 이상인 것인가?

① 20[m]
② 30[m]
③ 50[m]
④ 80[m]

해설 (KEC 151.1조) 피뢰시스템 적용 범위
① 전기전자설비가 설치된 건축물·구조물로서 낙뢰로부터 보호가 필요한 것 또는 지상으로부터 높이가 20[m] 이상인 것
② 전기설비 및 전자설비 중 낙뢰로부터 보호가 필요한 설비 【답】①

47 ★★★★★
외부 피뢰 시스템을 구성하는 수뢰부 시스템 형식이 아닌 것은?

① 돌침
② 수평도체
③ 그물망도체
④ 접지도체

해설 (KEC 152.1조) 수뢰부시스템
수뢰부시스템의 구성 : 돌침, 수평도체, 그물망도체의 요소 중에 한 가지 또는 이를 조합 【답】④

48 ★★★★★
외부 피뢰 시스템을 구성하는 수뢰부 시스템에 사용되는 재료가 아닌 것은?

① 구리
② 알루미늄
③ 용융아연도금강
④ 강재

해설 (KEC 152조) 외부피뢰시스템
수뢰도체, 피뢰침, 인하도선의 재료로는 구리, 알루미늄, 아연도금강, 스테인리스강 등이 사용된다. 【답】④

49 수뢰부시스템과 접지시스템을 연결하는 인하도선시스템에 사용되는 재료가 아닌 것은 ?
① 구리   ② 알루미늄
③ 용융아연도금강   ④ 강재

해설 (KEC 152조) 외부 피뢰시스템
수뢰도체, 피뢰침, 인하도선의 재료로는 구리, 알루미늄, 아연도금강, 스테인리스강 등이 사용된다. 【답】④

50 ★★★★★ 피뢰등전위본딩에서 본딩도체로 직접 접속할 수 없는 장소의 경우에 이용하는 것은?
① 서지보호장치   ② 지락보호장치
③ 과전류차단기   ④ 개폐기

해설 (KEC 153.2조) 피뢰등전위본딩
등전위본딩의 상호 접속은 다음에 의한다.
① 자연적 구성부재의 전기적 연속성이 확보되지 않은 경우에는 본딩도체로 연결한다.
② **본딩도체로 직접 접속할 수 없는 장소의 경우에는 서지보호장치를 이용한다.**
③ 본딩도체로 직접 접속이 허용되지 않는 장소의 경우에는 절연방전갭(ISG)을 이용한다. 【답】①

CHAPTER 02 전기의 발전 및 운용장소의 전기시설

발전소 등의 울타리·담 등의 시설·발전소, 변전소 또는 이에 준하는 곳의 특고압전로·발전기 등의 보호장치·특고압용 변압기의 보호장치·조상설비의 보호장치·계측장치·상주 감시를 하지 아니하는 발전소, 변전소의 시설·수소냉각식 발전기 등의 시설·기계적 강도·압축공기계통

1. 발전소 등의 울타리·담 등의 시설(KEC 351.1조)

① 울타리·담 등의 높이 : 2[m] 이상

　지표면과 울타리·담 등의 하단 사이의 간격 : 0.15[m] 이하

② 울타리·담 등과 고압 및 특고압의 충전 부분이 접근하는 경우에는 울타리·담 등의 높이와 울타리·담 등으로부터 충전부분까지 거리의 합계는 표에서 정한 값 이상으로 할 것

사용전압의 구분	울타리·담 등의 높이와 울타리·담 등으로부터 충전부분까지의 거리의 합계
35[kV] 이하	5[m]
35[kV] 초과 160[kV] 이하	6[m]
160[kV] 초과	6[m]에 160[kV]를 초과하는 10[kV] 또는 그 단수마다 0.12[m]를 더한 값

2. 발전소, 변전소 또는 이에 준하는 곳의 특고압전로(KEC 351.2조)

① 발전소·변전소 또는 이에 준하는 곳의 특고압전로 : 상별(相別) 표시

② 접속상태 : 모의모선(회선수 2이하이고 단일모선인 경우 제외)

3. 발전기 등의 보호장치(KEC 351.3조)

발전기에 자동적으로 전로로부터 차단하는 장치를 시설해야 하는 경우

① 발전기에 과전류나 과전압이 생긴 경우

② 용량이 500[kVA] 이상의 발전기를 구동하는 수차의 압유 장치의 유압 또는 전동식 가이드밴 제어장치, 전동식 니이들 제어장치 또는 전동식 디플렉터 제어장치의 전원전압이 현저히 저하한 경우

③ 용량 100[kVA] 이상의 발전기를 구동하는 풍차(風車)의 압유장치의 유압, 압축 공기장치의 공기압 또는 전동식 브레이드 제어장치의 전원전압이 현저히 저하한 경우

④ 용량이 2,000[kVA] 이상인 수차 발전기의 스러스트 베어링의 온도가 현저히 상승한 경우

⑤ 용량이 10,000[kVA] 이상인 발전기의 내부에 고장이 생긴 경우

⑥ 정격출력이 10,000[kW]를 초과하는 증기터빈은 그 스러스트 베어링이 현저하게 마모되거나 그의 온도가 현저히 상승한 경우

4. 특고압용 변압기의 보호장치(KEC 351.4조)

특고압용의 변압기에는 그 내부에 고장이 생겼을 경우에 보호하는 장치 시설

뱅크용량의 구분	동작조건	장치의 종류
5,000[kVA] 이상 10,000[kVA] 미만	변압기 내부 고장	자동차단장치 또는 경보장치
10,000[kVA] 이상	변압기 내부 고장	자동차단장치
타냉식변압기(변압기의 권선 및 철심을 직접 냉각시키기 위하여 봉입한 냉매를 강제 순환시키는 냉각 방식을 말한다)	냉각장치에 고장이 생긴 경우 또는 변압기의 온도가 현저히 상승한 경우	경보장치

5. 조상설비의 보호장치(KEC 351.5조)

조상설비에는 그 내부에 고장이 생긴 경우에 보호하는 장치 시설

설비종별	뱅크용량의 구분	자동적으로 전로로부터 차단하는 장치
전력용 커패시터 및 분로리액터	500[kVA] 초과 15,000[kVA] 미만	내부에 고장이 생긴 경우에 동작하는 장치 또는 과전류가 생긴 경우에 동작하는 장치
	15,000[kVA] 이상	내부에 고장이 생긴 경우에 동작하는 장치 및 과전류가 생긴 경우에 동작하는 장치 또는 과전압이 생긴 경우에 동작하는 장치
무효전력 보상장치	15,000[kVA] 이상	내부에 고장이 생긴 경우에 동작하는 장치

6. 계측장치(KEC 351.6조)

(1) 발전소

① 발전기·연료전지 또는 태양전지 모듈(복수의 태양전지 모듈을 설치하는 경우에는 그 집합체)의 전압 및 전류 또는 전력

② 발전기의 베어링(수중 메탈을 제외한다) 및 고정자(固定子)의 온도

③ 정격출력이 10,000[kW]를 초과하는 증기터빈에 접속하는 발전기의 진동의 진폭

④ 주요 변압기의 전압 및 전류 또는 전력

⑤ 특고압용 변압기의 온도

⑥ 동기발전기(同期發電機)를 시설하는 경우에는 동기검정장치

(2) 변전소
  ① 주요 변압기의 전압 및 전류 또는 전력
  ② 특고압용 변압기의 온도

(3) 무효 전력 보상 장치
  ① 무효 전력 보상 장치의 전압 및 전류 또는 전력
  ② 무효 전력 보상 장치의 베어링 및 고정자의 온도

7. 상주 감시를 하지 아니하는 변전소의 시설(KEC 351.9조)

(1) 경보장치를 시설해야 하는 경우
  ① 운전조작에 필요한 차단기가 자동적으로 차단한 경우(차단기가 재폐로한 경우를 제외한다)
  ② 주요 변압기의 전원측 전로가 무전압으로 된 경우
  ③ 제어 회로의 전압이 현저히 저하한 경우
  ④ 옥내 및 옥외변전소에 화재가 발생한 경우
  ⑤ 출력 3,000[kVA]를 초과하는 특고압용변압기는 그 온도가 현저히 상승한 경우
  ⑥ 특고압용 타냉식변압기는 그 냉각장치가 고장 난 경우
  ⑦ 무효 전력 보상 장치는 내부에 고장이 생긴 경우
  ⑧ 수소냉각식 무효 전력 보상 장치는 그 무효 전력 보상 장치 안의 수소의 순도가 90[%] 이하로 저하한 경우, 수소의 압력이 현저히 변동한 경우 또는 수소의 온도가 현저히 상승한 경우
  ⑨ 가스절연기기(압력의 저하에 의하여 절연파괴 등이 생길 우려가 없는 경우를 제외한다)의 절연가스의 압력이 현저히 저하한 경우

(2) 자동차단장치를 시설해야 하는 경우
  ① 수소냉각식 무효 전력 보상 장치를 시설하는 변전소는 그 무효 전력 보상 장치 안의 수소의 순도가 85[%] 이하로 저하한 경우에 그 무효 전력 보상 장치를 전로로부터 자동적으로 차단하는 장치를 시설할 것
  ② 전기철도용 변전소는 주요 변성기기에 고장이 생긴 경우 또는 전원측 전로의 전압이 현저히 저하한 경우

8. 수소냉각식 발전기 등의 시설(KEC 351.10조)

  ① 수소냉각식 발전기·무효전력보상장치 내부의 수소의 순도가 85[%] 이하로 저하한 경우에 경보하는 장치

② 수소가 대기압에서 폭발하는 경우에 생기는 압력에 견디는 강도

③ 발전기 내부 또는 무효 전력 보상 장치 내부의 수소의 압력을 계측하는 장치 및 그 압력이 현저히 변동한 경우에 이를 경보

④ 발전기 내부 또는 무효 전력 보상 장치 내부의 수소의 온도를 계측하는 장치를 시설할 것.

⑤ 발전기 내부 또는 무효 전력 보상 장치 내부의 수소를 안전하게 외부로 방출할 수 있는 장치를 시설할 것

9. 발전기 등의 기계적 강도(기술기준 제23조)

발전기·변압기·무효 전력 보상 장치·계기용변성기·모선 및 이를 지지하는 애자는 단락전류에 의하여 생기는 기계적 충격에 견디는 것이어야 함

10. 압축공기계통(KEC 341.15조)

발전소·변전소·개폐소 또는 이에 준하는 곳에서 개폐기 또는 차단기에 사용하는 압축공기장치

① **공기압축기는 최고 사용압력의 1.5배의 수압**(수압을 연속하여 10분간 가하여 시험을 하기 어려울 때에는 최고 사용압력의 1.25배의 기압)을 연속하여 10분간 가하여 시험을 하였을 때에 이에 견디고 또한 새지 아니할 것

② 주 공기탱크 또는 이에 근접한 곳에는 사용압력의 1.5배 이상 3배 이하의 최고 눈금이 있는 압력계를 시설할 것

이론 요약

1. 발전소 등의 울타리·담 등의 시설

① 울타리·담 등의 높이 : 2[m] 이상, 지표면 간격 : 0.15[m] 이하

② 울타리·담 등의 높이와 울타리·담 등으로부터 충전부분까지 거리의 합계

사용전압의 구분	울타리·담 등의 높이와 울타리·담 등으로부터 충전부분까지의 거리의 합계
35[kV] 이하	5[m]
35[kV] 초과 160[kV] 이하	6[m]
160[kV] 초과	6[m]에 160[kV]를 초과하는 10[kV] 또는 그 단수마다 0.12[m]를 더한 값

2. 발전소, 변전소, 특고압전로

① 상별(相別) 표시

② 모의모선 : 2회선 이하 단모선 제외

3. 발전기 등의 보호장치 : 자동차단장치

① 발전기에 과전류나 과전압이 생긴 경우

② 용량이 2,000[kVA] 이상인 수차 발전기의 스러스트 베어링의 온도가 현저히 상승한 경우

③ 용량이 10,000[kVA] 이상인 발전기의 내부에 고장이 생긴 경우

④ 용량이 100[kVA] 이상의 발전기를 구동하는 풍차의 압유장치의 유압, 압축공기장치의 공기압이 현저히 저하한 경우

4. 특고압용 변압기의 보호장치

뱅크용량의 구분	동작조건	장치의 종류
5,000[kVA] 이상 10,000[kVA] 미만	변압기 내부 고장	자동차단장치 또는 경보장치
10,000[kVA] 이상	변압기 내부 고장	자동차단장치
타냉식 변압기 (변압기의 권선 및 철심을 직접 냉각시키기 위하여 봉입한 냉매를 강제 순환시키는 냉각 방식을 말한다)	냉각장치에 고장이 생긴 경우 또는 변압기의 온도가 현저히 상승한 경우	경보장치

5. 발전기 등의 기계적 강도(기술기준 제23조)

발전기·변압기·무효 전력 보상 장치·계기용변성기·모선 및 이를 지지하는 애자는 단락전류에 의하여 생기는 기계적 충격에 견디는 것이어야 한다.

6. 조상설비의 보호장치

설비종별	뱅크용량의 구분	자동적으로 전로로부터 차단하는 장치
전력용 커패시터 및 분로리액터	500[kVA] 초과 15,000[kVA] 미만	내부에 고장이 생긴 경우에 동작하는 장치 또는 과전류가 생긴 경우에 동작하는 장치
	15,000[kVA] 이상	내부에 고장이 생긴 경우에 동작하는 장치 및 과전류가 생긴 경우에 동작하는 장치 또는 과전압이 생긴 경우에 동작하는 장치
무효전력 보상장치	15,000[kVA] 이상	내부에 고장이 생긴 경우에 동작하는 장치

7. 계측장치

① 발전소 계측장치

- 발전기의 전압 및 전류 또는 전력
- 발전기의 베어링 및 고정자의 온도
- 주요 변압기의 전압 및 전류 또는 전력
- 특고압용 변압기의 온도

② 변전소 계측장치

- 주요 변압기의 전압 및 전류 또는 전력
- 특고압용 변압기의 온도

8. 수소냉각식 발전기 등

① 수소의 순도가 85[%] 이하 : 경보장치 시설

② 수소의 온도 및 압력 계측

③ 수소가 대기압에서 폭발하는 경우에 생기는 압력에 견디는 강도

④ 발전기 축의 밀봉부로부터 누설된 수소 가스를 안전하게 외부에 방출할 수 있는 장치

9. 개폐기 또는 차단기에 사용하는 압축공기장치

① 공기압축기 : 최고 사용압력의 1.5배의 수압(수압을 연속하여 10분간 가하여 시험을 하기 어려울 때에는 최고 사용압력의 1.25배의 기압)

② 주 공기탱크 : 사용압력의 1.5배 이상 3배 이하의 최고 눈금이 있는 압력계

CHAPTER 02 필수 기출문제

꼭! 나오는 문제만 간추린

---

01 ★★★★★

"고압 또는 특고압의 기계기구, 모선 등을 옥외에 시설하는 발전소, 변전소, 개폐소 또는 이에 준하는 곳에 시설하는 울타리, 담 등의 높이는 (㉠) [m] 이상으로 하고, 지표면과 울타리, 담 등의 하단 사이의 간격은 (㉡) [m] 이하로 하여야 한다."에서 ㉠, ㉡에 알맞은 것은?

① ㉠ 3   ㉡ 0.15
② ㉠ 2   ㉡ 0.15
③ ㉠ 3   ㉡ 0.25
④ ㉠ 2   ㉡ 0.25

해설 (KEC 351.1조) 발전소 등의 울타리·담 등의 시설
고압 또는 특고압의 기계기구·모선 등을 옥외에 시설하는 발전소·변전소·개폐소 또는 이에 준하는 곳에는 다음 각 호에 따라 구내에 취급자 이외의 사람이 들어가지 아니하도록 시설하여야 한다.
① 울타리·담 등을 시설할 것
② 출입구에는 출입금지의 표시를 할 것
③ 출입구에는 자물쇠 장치 기타 적당한 장치를 할 것
④ 울타리·담 등의 높이는 2[m] 이상으로 하고 지표면과 울타리·담 등의 하단 사이의 간격은 0.15[m] 이하로 할 것

【답】②

---

02 ★★★★★

사용전압 35[kV] 변전소의 울타리를 높이 2.5[m]인 것으로 설치할 때 울타리 높이와 충전부까지의 거리의 합계는 최소 몇 [m] 이상으로 하여야 하는가?

① 5.78
② 5
③ 5.66
④ 6

해설 (KEC 351.1조) 발전소 등의 울타리·담 등의 시설

사용 전압의 구분	울타리·담등의 높이와 울타리·담등으로부터 충전 부분까지의 거리 합계
35[kV] 이하	5[m]

【답】②

---

03 345[kV] 변전소의 충전부분에서 5.78[m] 거리에 울타리를 설치하고자 한다. 울타리의 최소 높이는 얼마인가?

① 2[m]
② 2.25[m]
③ 2.5[m]
④ 3[m]

해설 (KEC 351.1조) 발전소 등의 울타리·담 등의 시설
울타리·담 등의 높이는 2[m] 이상으로 하고 지표면과 울타리·담 등의 하단 사이의 간격은 0.15[m] 이하로 할 것
울타리·담등과 고압 및 특고압의 충전부분이 접근하는 경우에는 울타리·담 등의 높이와 울타리·담 등으로부터 충전부분까지 거리의 합계는 표에서 정한 값 이상으로 할 것

사용전압의 구분	울타리·담 등의 높이와 울타리·담 등으로부터 충전부분까지의 거리의 합계
160[kV] 초과	6[m]에 160[kV]를 초과하는 10[kV] 또는 그 단수마다 0.12[m]를 더한 값

여기서, 단수 : 34.5 - 16 = 18.5에서 19단
따라서 울타리의 높이와 울타리에서 충전부분까지 거리는 6 + 19 × 0.12 = 8.28[m]
그러나 울타리에서 충전부까지의 거리가 5.78[m]이므로 울타리의 높이 : 8.28 - 5.78 = 2.5[m]

【답】③

04 고압 또는 특고압의 기계기구 모선 등을 옥외에 시설하는 발전소·변전소·개폐소 또는 이에 준하는 곳에는 구내에 취급자 이외의 사람이 들어가지 아니하도록 시설해야 하는데, 이에 해당하지 않는 것은?

① 출입구에는 출입금지의 표시를 할 것
② 감시카메라를 설치할 것
③ 울타리, 담 등을 시설할 것
④ 출입구에는 자물쇠장치 등의 장치를 할 것

해설 (KEC 351.1조) 발전소 등의 울타리·담 등의 시설
고압 또는 특고압의 기계기구·모선 등을 옥외에 시설하는 발전소·변전소·개폐소 또는 이에 준하는 곳에는 다음에 따라 구내에 취급자 이외의 사람이 들어가지 아니하도록 시설하여야 한다.
① 울타리·담 등을 시설할 것
② 출입구에는 출입금지의 표시를 할 것
③ 출입구에는 자물쇠장치 등의 장치를 할 것   【답】②

---

05 발전기를 자동적으로 전로로부터 차단하는 장치를 반드시 시설하여야 하는 경우가 아닌 것은?

① 발전기에 과전류가 생긴 경우
② 용량 2,000[kVA]인 수차 발전기의 스러스트 베어링의 온도가 현저히 상승하는 경우
③ 용량 5,000[kVA]인 발전기의 내부에 고장이 생긴 경우
④ 용량 500[kVA]인 발전기를 구동하는 수차의 압유 장치의 유압이 현저히 저하한 경우

해설 (KEC 351.3조) 발전기 등의 보호 장치
발전기에는 다음 각 호의 경우에 자동적으로 이를 전로로부터 차단하는 장치를 시설하여야 한다.
① 발전기에 과전류나 과전압이 생긴 경우
② 용량이 500[kVA] 이상의 발전기를 구동하는 수차의 압유 장치의 유압 또는 전동식 가이드밴 제어 장치, 전동식 니이들 제어 장치 또는 전동식 디플렉터 제어 장치의 전원 전압이 현저히 저하한 경우
③ 용량 100[kVA] 이상의 발전기를 구동하는 풍차(風車)의 압유 장치의 유압, 압축 공기 장치의 공기압 또는 전동식 브레이드 제어 장치의 전원 전압이 현저히 저하한 경우
④ 용량이 2,000[kVA] 이상인 수차 발전기의 스러스트 베어링의 온도가 현저히 상승한 경우
⑤ **용량이 10,000[kVA] 이상인 발전기의 내부에 고장이 생긴 경우**
⑥ 정격 출력이 10,000[kW]를 초과하는 증기터빈은 그 스러스트 베어링이 현저하게 마모되거나 그의 온도가 현저히 상승한 경우   【답】③

---

06 수력발전소의 발전기 내부에 고장이 발생하였을 때 자동적으로 전로로부터 차단하는 장치를 시설하여야 하는 발전기 용량은 몇 [kVA] 이상인가?

① 3,000
② 5,000
③ 8,000
④ 10,000

해설 (KEC 351.3조) 발전기 등의 보호 장치
① 발전기에 과전류나 과전압이 생긴 경우
② 용량이 500[kVA] 이상의 발전기를 구동하는 수차의 압유 장치의 유압 또는 전동식 가이드밴 제어 장치, 전동식 니이들 제어 장치 또는 전동식 디플렉터 제어 장치의 전원 전압이 현저히 저하한 경우
③ 용량 100[kVA] 이상의 발전기를 구동하는 풍차(風車)의 압유 장치의 유압, 압축 공기 장치의 공기압 또는 전동식 브레이드 제어 장치의 전원 전압이 현저히 저하한 경우
④ 용량이 2,000[kVA] 이상인 수차 발전기의 스러스트 베어링의 온도가 현저히 상승한 경우
⑤ **용량이 10,000[kVA] 이상인 발전기의 내부에 고장이 생긴 경우**
⑥ 정격 출력이 10,000[kW]를 초과하는 증기터빈은 그 스러스트 베어링이 현저하게 마모되거나 그의 온도가 현저히 상승한 경우   【답】④

07
특고압용 변압기로서 내부 고장에 반드시 자동 차단되어야 하는 변압기의 뱅크용량은 몇 [kVA] 이상인가?

① 5,000
② 7,500
③ 10,000
④ 15,000

해설 (KEC 351.4조) 특고압용 변압기의 보호 장치
특고압용의 변압기에는 그 내부에 고장이 생겼을 경우에 보호하는 장치를 표와 같이 시설하여야 한다. 다만, 변압기의 내부에 고장이 생겼을 경우에 그 변압기의 전원인 발전기를 자동적으로 정지하도록 시설한 경우에는 그 발전기의 전로로부터 차단하는 장치를 하지 아니하여도 된다.

뱅크용량의 구분	동작 조건	장치의 종류
5,000[kVA] 이상 10,000[kVA] 미만	변압기 내부 고장	자동 차단 장치 또는 경보 장치
10,000[kVA] 이상	변압기 내부 고장	자동 차단 장치

【답】③

08
송유 풍냉식 특고압용 변압기의 송풍기가 고장이 생길 경우에는 어느 보호 장치가 필요한가?

① 경보 장치
② 자동 차단 장치
③ 전압 계전기
④ 속도 조정 장치

해설 (KEC 351.4조) 특고압용 변압기의 보호 장치
특고압용의 변압기에는 그 내부에 고장이 생겼을 경우에 보호하는 장치를 표와 같이 시설하여야 한다. 다만, 변압기의 내부에 고장이 생겼을 경우에 그 변압기의 전원인 발전기를 자동적으로 정지하도록 시설한 경우에는 그 발전기의 전로로부터 차단하는 장치를 하지 아니하여도 된다.

뱅크용량의 구분	동작 조건	장치의 종류
타냉식 변압기(변압기의 권선 및 철심을 직접 냉각시키기 위하여 봉입한 냉매를 강제 순환시키는 냉각 방식)	냉각 장치에 고장이 생긴 경우 또는 변압기의 온도가 현저히 상승한 경우	경보 장치

송유 풍냉식 특고압용 변압기의 송풍기가 고장은 타냉식 변압기의 냉각 장치에 고장이 생긴 경우이다.

【답】①

09
발·변전소의 주요 변압기에 반드시 시설하지 않아도 되는 계측 장치는?

① 역률계
② 전압계
③ 전력계
④ 전류계

해설 (KEC 351.6조) 계측 장치
발전소에는 다음 각 호의 사항을 계측하는 장치를 시설하여야 한다.
① 발전기·연료전지 또는 태양전지 모듈(복수의 태양전지 모듈을 설치하는 경우에는 그 집합체)의 전압 및 전류 또는 전력
② 발전기의 베어링(수중 메탈을 제외) 및 고정자(固定子)의 온도
③ 정격 출력이 10,000[kW]를 초과하는 증기터빈에 접속하는 발전기의 진동의 진폭
④ 주요 변압기의 전압 및 전류 또는 전력
⑤ 특고압용 변압기의 온도

【답】①

10
용량 몇 [kVA] 이상의 무효전력 보상장치에는 그 내부에 고장이 생긴 경우에 자동적으로 이를 전로로부터 차단하는 장치를 하여야 하는가?

① 8,000
② 10,000
③ 12,000
④ 15,000

해설 (KEC 351.5조) 조상설비의 보호장치
조상설비에는 그 내부에 고장이 생긴 경우에 보호하는 장치를 표와 같이 시설하여야 한다.

설비종별	뱅크용량의 구분	자동적으로 전로로부터 차단하는 장치
전력용 커패시터 및 분로 리액터	500[kVA] 초과 15,000[kVA] 미만	내부에 고장이 생긴 경우에 동작하는 장치 또는 과전류가 생긴 경우에 동작하는 장치
	15,000[kVA] 이상	내부에 고장이 생긴 경우에 동작하는 장치 및 과전류가 생긴 경우에 동작하는 장치 또는 과전압이 생긴 경우에 동작하는 장치
무효전력 보상장치	15,000[kVA] 이상	내부에 고장이 생긴 경우에 동작하는 장치

【답】④

11 발·변전소 및 개폐소 또는 이에 준하는 곳에 시설하는 가스절연기기 등에 사용하는 장치의 수압시험은 최고 사용 압력의 몇 배 이상인가?

① 1.25
② 1.5
③ 2
④ 2.5

해설 (KEC 341.16조) 절연가스 취급설비
발전소·변전소·개폐소 또는 이에 준하는 곳에 시설하는 가스 절연기기
① **최고 사용압력의 1.5배의 수압**(수압을 연속하여 10분간 가하여 시험을 하기 어려울 때에는 최고 사용압력의 1.25배의 기압)을 연속하여 10분간 가하여 시험을 하였을 때에 이에 견디고 또한 새지 아니할 것
② 절연가스 압력의 저하로 절연파괴가 생길 우려가 있는 것은 절연가스의 압력저하를 경보하는 장치 또는 절연가스의 압력을 계측하는 장치를 설치할 것
③ 절연가스는 가연성·부식성 또는 유독성의 것이 아닐 것

【답】②

12 ★★★★★ 수력발전소, 풍력발전소, 내연력발전소, 연료전지발전소 및 태양전지발전소로서 그 발전소를 원격감시 제어하는 제어소에 기술원이 상주하여 감시하는 경우, 그 발전소를 원격감시 제어하는 제어소에 시설하지 않아도 되는 장치는?

① 자동재폐로 장치를 한 고압의 배전선로용 차단기를 조작하는 장치
② 운전 및 정지를 조작하는 장치 및 감시하는 장치
③ 운전 조작에 상시 필요한 차단기를 조작하는 장치 및 개폐상태를 감시하는 장치
④ 원동기 및 발전기, 연료전지의 부하를 조정하는 장치

해설 (KEC 351.8조) 상주 감시를 하지 아니하는 발전소의 시설
수력발전소, 풍력발전소, 내연력발전소, 연료전지발전소 및 태양전지발전소로서 그 발전소를 원격감시 제어하는 제어소에 기술원이 상주하여 감시하는 경우에 대하여는 발전 제어소에 다음의 장치를 시설할 것.
① 원동기 및 발전기, 연료전지의 부하를 조정하는 장치
② 운전 및 정지를 조작하는 장치 및 감시하는 장치
③ 운전 조작에 상시 필요한 차단기를 조작하는 장치 및 개폐상태를 감시하는 장치
④ 고압 또는 특고압의 배전선로용 차단기를 조작하는 장치 및 개폐를 감시하는 장치

【답】①

13 ★★★★★ 수소냉각식 발전기의 내부 또는 무효전력 보상장치의 내부의 수소의 순도가 몇 [%] 이하로 저하한 경우에 경보하는 장치를 시설해야 하는가?

① 85
② 75
③ 98
④ 95

해설 (KEC 351.10조) 수소냉각식 발전기 등의 시설
발전기안 또는 무효 전력 보상 장치 안의 수소의 순도가 85[%] 이하로 저하한 경우에 이를 경보하는 장치를 시설할 것

【답】①

14 발전소 변전소 개폐소의 부지조성을 위해 산지를 전용할 경우에는 산지의 평균 경사도가 몇 도 이하여야 하는가?

① 15 ② 20
③ 25 ④ 30

해설 (기술기준 21.2조) 발전소 등의 부지 시설조건
부지조성을 위해 산지를 전용할 경우에는 전용하고자 하는 산지의 평균 경사도가 25도 이하여야 한다. 【답】③

15 옥외설비의 절연유 유출방지설비에 대한 내용으로 틀린 것은?
① 집유조 및 집수탱크가 시설되는 경우 집수탱크는 최대 용량 변압기의 유량에 대한 집유능력이 있어야 한다.
② 절연유 유출 방지설비의 선정은 기기에 들어 있는 절연유의 양, 빗물 및 화재보호시스템의 용수량, 근접 수로 및 토양조건을 고려해야 한다.
③ 절연유 및 냉각액에 대한 집유조 및 집수탱크의 용량은 물의 유입으로 지나치게 감소되지 않아야 하며, 자연배수 및 강제배수가 가능해야 한다.
④ 벽, 집유조 및 집수탱크에 관련된 배관은 액체가 침투하는 것이어야 한다.

해설 (KEC 311.7조) 절연유 누설에 대한 보호 – 옥외설비의 절연유 유출방지설비
① 절연유 유출 방지설비의 선정은 기기에 들어 있는 절연유의 양, 빗물 및 화재보호시스템의 용수량, 근접 수로 및 토양조건을 고려하여야 한다.
② 집유조 및 집수탱크가 시설되는 경우 집수탱크는 최대 용량 변압기의 유량에 대한 집유능력이 있어야 한다.
③ 벽, 집유조 및 집수탱크에 관련된 **배관은 액체가 침투하지 않는 것**이어야 한다.
④ 절연유 및 냉각액에 대한 집유조 및 집수탱크의 용량은 물의 유입으로 지나치게 감소되지 않아야 하며, 자연배수 및 강제배수가 가능하여야 한다. 【답】④

CHAPTER 03 전선로

전선로 통칙·가공전선로·지중 전선로(케이블)·옥측 전선로·옥상 전선로·터널 전선로·수상 전선로 등

1. 전파장해의 방지(KEC 331.1조)

가공전선로는 무선설비의 기능에 계속적이고 또한 중대한 장해를 주는 전파를 발생할 우려가 있는 경우에는 이를 방지하도록 시설

2. 가공전선로 지지물의 철탑오름 및 전주오름 방지(KEC 331.4조)

- 발판 볼트 : 지표상 1.8[m] 이상에 시설

3. 풍압하중(갑종, 을종, 병종)(KEC 331.6조)

(1) 풍압하중의 종별과 적용

① 갑종 풍압 하중 : 수직 투영면적 1[m²]에 대한 풍압을 기초로 하여 계산

풍압을 받는 구분				풍압[Pa]
목주				588
지지물	철주	원형의 것		588
		삼각형 또는 마름모형의 것		1,412
		강관에 의하여 구성되는 4각형의 것		1,117
		기타의 것		복재(腹材)가 전·후면에 겹치는 경우에는 1,627, 기타의 경우에는 1,784
	철근콘크리트주	원형의 것		588
		기타의 것		882
	철탑	단주 (완철류는 제외함)	원형의 것	588
			기타의 것	1,117
		강관으로 구성되는 것(단주는 제외함)		1,255
		기타의 것		2,157
전선 기타 가섭선	다도체(구성하는 전선이 2가닥마다 수평으로 배열되고 또한 그 전선 상호 간의 거리가 전선의 바깥지름의 20배 이하인 것에 한한다)를 구성하는 전선			666
	기타의 것			745
애자장치(특별 전선용의 것에 한한다)				1,039
목주·철주(원형의 것에 한한다) 및 철근 콘크리트주의 완금류(특고압 전선로용의 것에 한한다)				단일재로서 사용하는 경우에는 1,196, 기타의 경우에는 1,627

② 을종 풍압 하중
- 빙설(두께 : 6[mm], 비중 0.9)이 부착된 상태
- 갑종 풍압 하중의 $\frac{1}{2}$

③ 병종 풍압 하중 : 갑종 풍압 하중의 $\frac{1}{2}$

(2) 풍압하중의 적용

① 빙설이 많은 지방
- 고온계절 : 갑종 풍압하중
- 저온계절 : 을종 풍압하중

② **빙설이 많은 지방 이외**
- **고온계절 : 갑종 풍압하중**
- **저온계절 : 병종 풍압하중**

(3) 인가가 많이 이웃 연결되어 있는 장소 : 병종 풍압하중

① 저압 또는 고압 가공전선로의 지지물 또는 가섭선

② 사용전압이 35[kV] 이하의 전선에 특고압 절연전선 또는 케이블을 사용하는 특고압 가공전선로의 지지물, 가섭선 및 특고압 가공전선을 지지하는 애자장치 및 완금류

4. 지지물의 안전율 및 근입깊이(KEC 331.7조)

(1) **기초 안전율 2.0 이상**(이상 시 상정 하중 철탑의 안전율 : 1.33 이상)

(2) 철주, 철근 콘크리트 근입 깊이

① 설계 하중이 6.8[kN] 이하인 철주(강관주)
- 전체의 길이가 15[m] 이하 : 전체 길이의 6분의 1 이상
- 전체의 길이가 15[m] 초과 : 2.5[m]

② 철근콘크리트주
- 설계 하중이 6.8[kN] 이하이고 전체의 길이가 16[m] 초과 20[m] 이하 : 2.8[m]
- 설계 하중이 6.8[kN] 초과 9.8[kN] 이하이고 14[m] 이상 20[m] 이하 : 철주 깊이 + 0.3[m]
- 설계 하중이 9.81[kN] 초과 14.72[kN] 이하의 것
  - 15[m] 이하 : 철주 깊이 + 0.5[m]
  - 15[m] 초과 18[m] 이하 : 3[m]
  - 18[m] 초과 : 3.2[m]

(3) 표준형(특고압 가공전선로. KEC 333.11조)
- 직선형 : 전선로의 직선 부분(3도 이하인 수평 각도를 이루는 곳을 포함)
- 각도형 : 전선로 중 3도를 초과하는 수평 각도를 이루는 곳에 사용
- 잡아당김형 : 전가섭선을 잡아당기는 곳에 사용
- 내장형 : 전선로의 지지물 양쪽의 경간의 차가 큰 곳에 사용
  직선 철탑 10기마다 내장 애자 장치 철탑 1기 시설
- 보강형 : 전선로 직선부분 보강

5. 지지선(KEC 331.11조)

① 목적 : 지지물의 강도 보강, 안전성 증가, 불평형 장력 감소(철탑은 지지선 사용 금지)

② 안전율 2.5 이상(허용 인장하중의 최저값 : 4.31[kN])

③ 소선수 3가닥 이상의 연선

④ 금속선 : 지름 2.6[mm] 이상

  단, 아연도강연선 : 지름 2.0[mm] 이상인 소선의 인장강도 0.68[kN/mm²] 이상인 것은 예외

⑤ 지중 부분 및 지표상 0.3[m]까지의 부분에는 내식성이 있는 것 또는 아연도금을 한 철봉을 사용

⑥ 도로를 횡단하여 시설하는 지지선의 높이 : 5[m] 이상(교통에 지장을 초래할 우려가 없는 경우 4.5[m] 이상), 보도의 경우는 2.5[m]이상

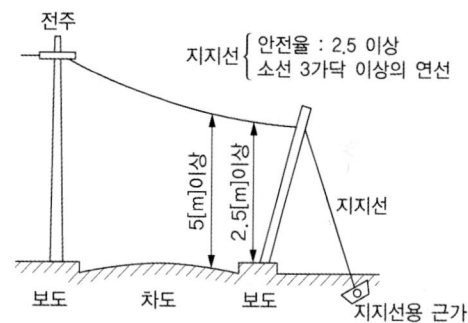

6. 조가용선(가공 케이블의 시설)(KEC 332.2, 333.3조)

① 접지 공사

② 전선(아연도강연선)
  가. 저·고압 : 인장강도 5.93[kN] 이상의 연선, 단면적 22[mm²] 이상
  나. 특고압 : 인장강도 13.93[kN]이상의 연선, 단면적 22[mm²] 이상

③ 행거의 간격 : 0.5[m] 이하(단, 금속 테이프 사용 : 0.2[m])

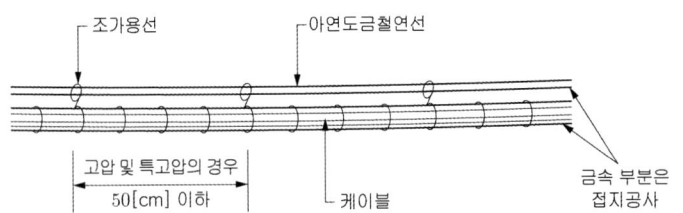

7. 유도장해 방지(KEC 332.1조, 333.2조)

① 저·고압과 기설 가공약전류전선로가 병행 : 이격거리는 2[m] 이상

② 가공전선과 가공약전류전선 사이에 인장강도 5.26[kN] 이상의 것 또는 지름 4[mm] 이상인 경동선의 금속선 2가닥 이상을 시설하고 접지공사를 할 것.

③ 특고압 가공전선로와의 상시정전유도장해 방지

```
<---------------- 60[kV] ---------------->
12[km]마다                    40[km]마다
2[μA] 넘지 말 것              3[μA] 넘지 말 것
```

8. 가공전선로(KEC 332조)

(1) 가공전선의 종류와 굵기(KEC 222.5조, 332.3조)

① 종류
　가. 저압 : 나전선(중성선 또는 다중접지된 접지측 전선), 절연전선, 다심형 전선, 케이블
　나. 고압 : 고압 절연전선, 특고압 절연전선 또는 케이블
　다. 특고압 : 케이블, 경동연선(인장강도 8.71[kN] 이상의 연선 또는 단면적이 22[mm²] 이상), 알루미늄 전선, 절연전선

② 가공전선의 굵기

(2) 안전율(KEC 332.4조)

① 경동선 또는 내열 동합금선 : 2.2 이상

② 그 외의 전선 : 2.5 이상

(3) 가공전선의 높이(KEC 222.7조, 332.5조, 333.7조)

단위 : [m]

전압의 종별		도로횡단	철도·궤도	횡단보도교 위	기타
저·고압		6	6.5	3.5 (저압 : 절연전선, 다심형전선, 케이블 : 3)	5 (교통에 지장이 없는 경우 : 4)
특고압	35[kV] 이하	6	6.5	5 (특고압 절연전선, 케이블 : 4)	5
	35[kV] 초과 160[kV] 이하	6	6.5	6 (산지 등, 특고압 케이블 : 5)	6
	160[kV] 초과	35[kV] 초과 160[kV] 이하의 규정 높이 + 단수×0.12 예시) 도로횡단 6+단수×0.12로 한다.			

(4) 가공지선(KEC 332.6조, 333.8조)

① 고압 : 인장강도 5.26[kN] 이상의 것 또는 지름 4[mm] 이상의 나경동선

② 특고압 : 인장강도 8.01[kN] 이상의 나선 또는 지름 5[mm] 이상의 나경동선

(5) 가공전선로의 표준경간(KEC 332.9조, 333.21조)

지지물의 종류	표준 경간
	저·고압·특고압
목주·A종 철주, 철근 콘크리트주	150[m]
B종 철주, 철근 콘크리트주	250[m]
철 탑	600[m](단주인 경우 400[m])

(6) 가공전선과 식물과의 이격거리(KEC 222.19조, 332.19조, 333.30조)

종류	이격거리		
식물		저·고압	상시 바람에 접촉이 되지 않게 시설
	특고압	25[kV]이하 다중접지	1.5[m]
		60[kV] 이하	2[m]
		60[kV] 초과	2+0.12×단수 [m]

(7) 가공전선과 안테나와의 이격거리(KEC 332.14조)

종류	저압	고압	특고압 (25[kV] 이하 다중접지))
안테나	0.6[m] (고압 절연전선, 특고압 절연전선, 케이블 0.3[m])	0.8[m] (케이블 0.4[m])	나전선 : 2[m] 절연전선 : 1.5[m] 케이블 : 0.5[m]

(8) 가공전선과 건조물과의 이격거리(KEC 222.11조, 332.11조, 333.23조)

① 저고압 가공전선과 건조물과의 이격거리

건조물 조영재의 구분	접근 형태	전선 종류	이격거리	
			저압	고압
상부 조영재	위쪽	나전선	2	2
		고압, 특고압 절연전선	1	
		케이블	1	1
	옆쪽 또는 아래쪽	나전선	1.2	1.2
		고압, 특고압 절연전선	0.4	
		케이블	0.4	0.4
		사람이 쉽게 접촉할 우려가 없도록 시설	0.8	0.8

② 35[kV] 이하인 특고압 가공전선과 건조물의 조영재 이격거리

　가. **특고압 가공전선이 건조물과 제1차 접근상태로 시설되는 경우 : 제3종 특고압 보안공사**

　나. **특고압 가공전선이 건조물과 제2차 접근상태로 시설되는 경우 : 제2종 특고압 보안공사**

건조물 조영재의 구분	전선 종류	접근형태	이격거리
상부 조영재	특고압 절연전선	위쪽	2.5[m]
		옆쪽 또는 아래쪽	1.5[m](전선에 사람이 쉽게 접촉할 우려가 없도록 시설한 경우는 1[m])
	케이블	위쪽	1.2[m]
		옆쪽 또는 아래쪽	0.5[m]
	기타 전선		3[m]
기타 조영재	특고압 절연전선		1.5[m](전선에 사람이 쉽게 접촉할 우려가 없도록 시설한 경우는 1[m])
	케이블		0.5[m]
	기타 전선		3[m]

③ 35[kV] 초과인 특고압 가공전선과 건조물의 조영재 이격거리

　　이격거리 = 35[kV] 이하의 조영재 이격거리+단수×0.15[m]

④ 35[kV] 초과 400[kV] 미만 특고압 가공전선과 건조물의 조영재 이격거리

　• 특고압 가공전선이 건조물과 제2차 접근상태로 시설되는 경우 : 제1종 특고압 보안공사

⑤ 400[kV] 이상인 특고압 가공전선과 건조물의 조영재 이격거리

　• 특고압 가공전선이 건조물과 제2차 접근상태로 시설되는 경우 : 제1종 특고압 보안공사 시행하고 수직거리 28[m] 이상

(9) 보안공사(KEC 222.10조, 332.10조, 333.22조)

① 전선의 굵기

　가. **저압 보안공사**

- 인장강도 8.01[kN] 이상, 지름 5.0[mm] 이상 경동선(단, 400[V] 이하는 인장강도 5.26[kN] 이상, 4.0[mm] 이상의 경동선)
- 목주의 말구 지름 0.12[m] 이상
- 안전율 1.5 이상

나. 고압 보안공사
- 인장강도 8.01[kN] 이상, 지름 5.0[mm] 이상 경동선
- 안전율 1.5 이상

다. 특고압 보안공사
- 제1종 특고압 보안공사(35[kV] 초과, 제2차 접근 상태)
  - 전선의 종류 : 경동연선, 알루미늄 전선, 절연전선
  - 전선의 굵기
    100[kV] 미만 : 인장강도 21.67[kN] 이상 또는 단면적 55[mm²] 이상
    100[kV] 이상 ~ 300[kV] 미만 : 인장강도 58.84[kN] 이상 또는 단면적 150[mm²] 이상
    300[kV] 이상 : 인장강도 77.47[kN] 이상 또는 단면적 200[mm²] 이상
  - 지지물 : B종 철주・B종 콘크리트주・철탑 사용(목주, A종 지지물 사용 금지)
  - 현수애자 또는 장간애자를 사용하는 경우
    50[%] 충격섬락전압값 : 애자장치의 값의 110[%](사용전압이 130[kV]를 초과하는 경우는 105[%]) 이상
- 제2종 특고압 보안공사(35[kV] 이하, 제2차 접근 상태)
  - 전선 : 연선
  - 목주의 시설 (안전율 : 2 이상)
- 제3종 특고압 보안공사(제1차 접근 상태)
  - 전선 : 연선

② 보안공사의 경간

지지물의 종류	저・고압 보안공사	1종 특고압 보안공사	2・3종 특고압 보안공사
목주・A종 철주 또는 A종 철근 콘크리트주	100	금지	100
B종 철주 또는 B종 철근콘크리트주	150	150	200
철탑	400	400(단주 300)	400(단주 300)

(10) 가공전선 등의 병행설치(KEC 222.9조, 332.8조, 333.17조)

- 병행설치 : 전력선과 전력선을 동일 지지물에 시설

전압	표준	고압에 케이블 사용	특고압에 케이블 사용 및 저・고압에 절연전선 또는 케이블 사용
저고압	0.5[m] 이상	0.3[m] 이상	
35[kV] 이하	1.2[m] 이상		0.5[m] 이상
35[kV] 초과 60[kV] 이하	2[m] 이상		1[m] 이상

① 35[kV]초과 100[kV]미만과 저·고압 병행설치 시
  가. 특고압 가공전선로는 제2종 특고압 보안공사
  나. 특고압 가공전선은 케이블인 경우를 제외하고는 인장강도 21.67[kN] 이상의 연선 또는 단면적이 50[㎟] 이상인 경동연선
② 100[kV] 이상 : 저·고압 병행설치 금지

(11) 가공전선과 가공약전류전선 등의 공용설치(KEC 222.21조, 332.21조, 333.19조)

공가(가공전선 등의 병행) : 전력선과 가공 약전류전선을 동일 지지물에 시설

시설 방법	저압	고압	특고압(35[kV]이하)
절연전선	0.75[m]	1.5[m]	2[m]
케이블	0.3[m]	0.5[m]	0.5[m]

  가. 특고압 35[kV] 초과 시 설치 금지
  나. 인장강도 21.67[kN] 이상의 연선 또는 단면적이 50[㎟] 이상인 경동연선
  다. 특고압 가공전선로는 제2종 특고압 보안공사

(12) 특고압 가공전선과 지지물 등의 이격거리(KEC 333.5조)

사용전압	이격거리[m]
15[kV] 미만	0.15
15[kV] 이상 25[kV] 미만	0.2
25[kV] 이상 35[kV] 미만	0.25
35[kV] 이상 50[kV] 미만	0.3
50[kV] 이상 60[kV] 미만	0.35
60[kV] 이상 70[kV] 미만	0.4
70[kV] 이상 80[kV] 미만	0.45
80[kV] 이상 130[kV] 미만	0.65
130[kV] 이상 160[kV] 미만	0.9
160[kV] 이상 200[kV] 미만	1.1
200[kV] 이상 230[kV] 미만	1.3
230[kV] 이상	1.6

(13) 시가지에서 특고압 가공전선로의 시설(KEC 333.1조)

① 170[kV] 이하
  가. 경간 및 지지물(목주 사용 금지)

지지물의 종류	경간
A종 철주 또는 A종 철근 콘크리트주	75[m]
B종 철주 또는 B종 철근 콘크리트주	150[m]
철탑	400[m] (단주인 경우에는 300[m]) 다만, 전선이 수평으로 2 이상 있는 경우에 전선 상호 간의 간격이 4[m] 미만인 때에는 250[m]

나. 전선의 단면적

사용전압의 구분	전선의 단면적
100[kV] 미만	인장강도 21.67[kN] 이상의 연선, 55[mm²] 이상의 경동연선, 알루미늄전선, 절연전선
100[kV] 이상	인장강도 58.84[kN] 이상의 연선, 150[mm²] 이상의 경동연선, 알루미늄전선, 절연전선

다. 전선의 지표상의 높이

사용전압의 구분	지표상의 높이
35[kV] 이하	10[m](전선이 특고압 절연전선인 경우에는 8[m])
35[kV] 초과	10[m]에 35[kV]를 초과하는 10[kV] 또는 그 단수마다 0.12[m]를 더한 값

라. 사용전압이 100[kV]를 초과하는 특고압 가공전선에 지락 또는 단락이 생겼을 때에는 **1초 이내에 자동적으로 이를 전로로부터 차단**하는 장치를 시설

(14) 25[kV] 이하인 특고압 가공전선로의 시설(KEC 333.32조)

중성선 다중접지식의 것으로서 전로에 지락이 생겼을 때 2초 이내에 자동적으로 이를 전로로부터 차단하는 장치가 되어 있는 것

① 접지도체의 굵기 : 6[mm²] 이상의 연동선

② 접지한 곳 상호 간의 거리
　가. 15[kV] 이하 : 300[m] 이하
　나. 15[kV] 초과하고 25[kV] 이하 : 150[m] 이하

③ 각 접지도체를 중성선으로부터 분리하였을 경우

전압	각 접지점의 대지 전기저항 값	1[km]마다의 합성 전기저항 값
15[kV] 이하	300[Ω]	30[Ω]
15[kV] 초과 25[kV] 이하	300[Ω]	15[Ω]

④ 건조물과의 이격거리

건조물의 조영재	접근 형태	전선의 종류	이격거리
상부 조영재	위쪽	나전선	3[m]
		특고압 절연전선	2.5[m]
		케이블	1.2[m]
	옆쪽 또는 아래쪽	나전선	1.5[m]
		특고압 절연전선	1.0[m]
		케이블	0.5[m]
기타의 조영재		나전선	1.5[m]
		특고압 절연전선	1.0[m]
		케이블	0.5[m]

⑤ 25[kV] 이하인 특고압 가공전선로와 저·고압의 가공전선과를 동일 지지물에 시설
   가. 15[kV] 이하 : 0.75[m] 이상 이격
   나. 15[kV] 초과하고 25[kV] 이하 : 1[m] 이상(특고압 가공전선이 케이블이고 저·고압 가공전선이 절연전선이거나 케이블인 때에는 0.5[m])

9. 지중전선로(반드시 케이블 사용)(KEC 334조)

(1) 매설 방식

  ① 직접 매설식 : 중량물의 압력이 있는 경우 1[m] 이상, 중량물의 압력이 없는 경우 0.6[m] 이상 (견고한 트러프에 넣지 않아도 되는 케이블 : 컴바인덕트 케이블)

  ② 관로식 : 중량물의 압력을 견디는 경우 1[m] 이상, 중량물의 압력이 없는 경우 0.6[m] 이상

  ③ 암거식

(2) 지중약전류전선의 유도장해 방지 : 누설전류 또는 유도작용에 의하여 통신상의 장해 방지

(3) 지중전선의 피복금속체 : 접지공사 할 것

(4) 지중전선과 지중약전류전선 등 또는 관과의 접근 또는 교차

  ① **약전선 – 저·고압 : 0.3[m]**

  ② 약전선 – 특고압 : 0.6[m]

  ③ 특고압 – 유독성관 : 1[m](단, 사용전압이 25[kV] 이하인 다중접지방식 지중전선로인 경우에는 0.5[m] 이하)

(5) 지중전선 상호간의 접근 또는 교차

  ① **저압 – 고압 : 0.15[m]**

  ② 저·고압 – 특고압 : 0.3[m]

(6) 지중함(KEC 334.2조)

  ① 지중함은 견고하고 차량 기타 중량물의 압력에 견디는 구조일 것.

  ② 지중함은 그 안의 고인 물을 제거할 수 있는 구조로 되어 있을 것.

  ③ **폭발성 또는 연소성의 가스가 침입할 우려가 있는 것에 시설하는 지중함으로서 그 크기가 1[㎥] 이상인 것에는 통풍장치 기타 가스를 방산시키기 위한 적당한 장치를 시설할 것.**

  ④ 지중함의 뚜껑은 시설자 이외의 자가 쉽게 열 수 없도록 시설할 것.

10. 가공인입선

(1) 저압 가공 인입선(KEC 221.1.1조)

① 전선 : 절연전선, 케이블
  가. 인장강도 2.30[kN] 이상, 지름 2.6[mm] 이상의 인입용 비닐절연전선
  나. 경간이 15[m] 이하인 경우 : 인장강도 1.25[kN] 이상, 지름 2[mm] 이상의 인입용 비닐절연전선

② 전선의 높이

단위 : [m]

전압의 종별	도로횡단	철도·궤도	횡단보도교 위	기타
저압 가공 인입선	5	6.5	3	4 (교통에 지장이 없는 경우 : 2.5)
고압 가공 인입선	6	6.5	3.5	5 (위험표시 : 3.5)

(2) 고압 가공 인입선(KEC 331.12.1조)

① 전선 : 8.01[kN] 이상의 고압 절연전선, 특고압 절연전선 또는 지름 5[mm] 이상의 경동선의 고압 절연전선, 특고압 절연전선
② 위험표시 : 3.5[m]로 감할 수 있음
③ 고압 이웃 연결 인입선 시설 금지

(3) 특고압 가공 인입선(KEC 331.12.2조) : 특고압 가공전선로의 기준 적용
• 사용전압 : 100[kV] 이하
• 케이블 사용

11. 이웃 연결 인입선의 시설(KEC 221.1.2조)

① 인입선에서 분기하는 점으로부터 100[m]를 초과하는 지역에 미치지 아니할 것
② 폭 5[m]를 초과하는 도로를 횡단하지 아니할 것
③ 옥내를 통과하지 아니할 것

12. 옥측 전선로

(1) 저압 옥측 전선로(KEC 221.2조)

① 1구내
② 배선공사
  • 애자공사(전개된 장소에 한함)
  • **합성수지관공사**

- 금속관공사(목조 이외의 조영물에 시설)
- 버스덕트공사(목조 이외의 조영물에 시설)
- 케이블공사(연피 케이블·알루미늄피 케이블, 미네럴 인슐레이션 케이블을 사용하는 경우에는 목조 이외의 조영물에 시설하는 경우에 한함)

③ 전선 : 4[㎟] 이상의 연동 절연전선(옥외용 비닐절연전선 및 인입용 절연전선은 제외)

(2) 고압 옥측 전선로(KEC 331.13조)

① 1구내

② 전선 : 케이블(케이블의 지지점 간의 거리를 2[m](수직으로 붙일 경우에는 6[m]) 이하)

(3) 특고압 옥측 전선로(KEC 331.13.2조)

① 100[kV] 초과 시 시설 불가능

13. 옥상 전선로

(1) 저압 옥상 전선로(KEC 221.3조)

① 1구내

② 애자 : 절연성·난연성 및 내수성

③ 전선 : 인장강도 2.30[kN] 이상의 것 또는 지름 2.6[㎜] 이상의 경동선(전선 지지점 간의 거리 15[m] 이하)

④ 조영재와 이격거리 : 2[m]

⑤ 전선 지지점 간의 거리 : 15[m] 이하

(2) 고압 옥상 전선로(KEC 331.14조)

① 1구내

② 전선 : 케이블

(3) 특고압 옥상 전선로 : 시설 불가능

14. 터널 안 전선로

(1) 철도·궤도 또는 자동차도 전용터널 안의 전선로(KEC 335.1.1조)

① 저압
    가. 2.30[kN] 이상의 절연전선 또는 지름 2.6[㎜] 이상의 경동선의 절연전선
    나. 레일면상, 노면상 2.5[m] 이상

② 고압
　가. 인장강도 5.26[kN] 이상의 것 또는 지름 4[mm] 이상의 경동선의 고압 절연전선 또는 특고압 절연전선
　나. 레일면상, 노면상 3[m] 이상

(2) 사람이 상시 통행하는 터널 안의 전선로(특고압 사용 불가)(KEC 335.1조)
　① 저압
　　• 2.30[kN] 이상의 절연전선 또는 지름 2.6[mm] 이상의 경동선의 절연전선
　　• 애자사용공사, 노면상 2.5[m] 이상
　② 고압(고압 옥측전선로와 동일)
　　• 케이블
　　• 케이블의 지지점 간의 거리를 2[m](수직으로 붙일 경우에는 6[m]) 이하

15. 수상 전선로(KEC 335.3조)

(1) 사용전압 : 저압 또는 고압

(2) 전선
　① **저압 : 클로로프렌 캡타이어 케이블**
　② **고압 : 캡타이어 케이블**

(3) 높이
　① 접속점이 육상에 있는 경우 : 5[m] 이상
　② 접속점이 수면상에 있는 경우 : 저압 4[m] 이상, 고압 5[m] 이상

16. 교량에 시설하는 전선로(KEC 335.6조)

(1) 저압
　① **높이 : 교량의 노면상 5[m] 이상**
　② 전선 : 케이블인 경우 이외에는 인장강도 2.30[kN] 이상의 것 또는 지름 2.6[mm] 이상의 경동선의 절연전선일 것

(2) 고압
　① 높이 : 교량의 노면상 5[m] 이상
　② 전선 : 케이블

17. 급경사지에 시설하는 전선로의 시설(KEC 335.8조)

급경사지에 시설하는 저압 또는 고압의 전선로는 그 전선이 건조물의 위에 시설되는 경우, 도로·철도·궤도·삭도·가공약전류전선 등·가공전선 또는 전차선과 교차하여 시설되는 경우 및 수평거리로 이들(도로를 제외한다)과 3[m] 미만에 접근하여 시설되는 경우 이외의 경우로서 기술상 부득이한 경우 이외에는 시설 금지

이론 요약

1. 전선로 총칙

① 지지물의 철탑오름 및 전주오름 방지 : 발판 볼트 – 지표상 1.8[m] 이상에 시설

② 풍압하중

- 갑종 풍압하중

풍압을 받는 구분		구성재의 수직 투영면적 (1[m²]에 대한 풍압)
지지물	목주, 원형	588[Pa]
	강관구성철탑	1,255[Pa]
전선	다도체	666[Pa]
애자장치		1,039[Pa]

- 을종 풍압하중
  - 빙설 : 두께 6[mm], 비중 0.9
  - 갑종 풍압의 2분의 1

- 병종 풍압하중(35[kV] 초과 시 적용 금지)
  - 갑종 풍압의 2분의 1

- 빙설이 많은 지역(고온 : 갑종, 저온 : 을종)

- 빙설이 많은 지역 이외(고온 : 갑종, 저온 : 병종)

③ 가공전선로 지지물의 기초의 안전율

- 지지물의 기초의 안전율 : 2

- 지지물의 근입 깊이
  - 16[m] 이하, 설계하중이 6.8[kN] 이하인 것
  ☞ 전장이 15[m] 이하인 경우 : 전장의 1/6 이상
  ☞ 전장이 15[m]를 초과하는 경우 : 2.5[m] 이상
  - 전장이 16[m] 초과 20[m] 이하이고 설계하중이 6.8[kN] 이하인 경우 : 2.8[m] 이상
  - 14[m] 이상 20[m] 이하, 설계하중이 6.8[kN] 초과 9.8[kN] 이하의 것
  ☞ 기준보다 30[cm]를 가산

④ 지지선의 시설

- 철탑 : 지지선을 사용하여 그 강도를 분담시켜서는 아니 된다.

- 가공 전선로의 지지물로 사용하는 철주 또는 철근 콘크리트주는 지지선을 사용하지 아니하는 상태에서 2분의 1이상의 풍압 하중에 견디는 강도를 가지는 경우 이외에는 지지선을 사용금지

- 지지선의 안전율은 2.5 이상, 허용 인장하중의 최저는 4.31[kN]

- 연선 사용
  - 소선 수 3가닥 이상의 연선

- 소선의 지름이 2.6[mm] 이상의 금속선을 사용
- 지중부분 및 지표상 0.3[m]까지의 부분에는 내식성이 있는 것(아연도금철봉)
  - 도로를 횡단하여 시설하는 지지선의 높이 : 지표상 5[m] 이상(교통지장 없는 경우 4.5[m])

2. 저·고압, 특고압 가공전선로

① 유도장해 방지

- 저·고압과 기설 가공약전류전선로가 병행 : 이격거리는 2[m] 이상
- 특고압 가공전선로와의 상시정전유도장해 방지

```
  <---------------- 60[kV] ---------------->
  12[km]마다              40[km]마다
  2[μA] 넘지 말 것        3[μA] 넘지 말 것
```

② 가공케이블의 시설(조가용선) : 고압, 특고압 적용

- 행거로 시설, 행거 간격 : 0.5[m] 이하
- 고압 : 인장강도 5.93[kN] 이상의 연선, 단면적 22[mm²] 이상
  특고압 : 인장강도 13.93[kN] 이상의 연선, 단면적 22[mm²] 이상
- 조가용선 금속체 : 접지공사
- 금속 테이프 : 0.2[m] 이하

③ 가공전선의 굵기 및 종류

저압 400[V] 이하	저압 400[V] 초과	고압	특고압
나전선 : 3.2[mm] 절연전선 : 2.6[mm]	시가지 : 5.0[mm] 시가지외 : 4.0[mm]	5.0[mm]	22[mm²] 이상 경동선

④ 가공전선의 안전율

- 경동선, 내열 동합금선 : 2.2 이상
- 기타 전선 : 2.5 이상

⑤ 가공전선의 높이

전압의 종별		도로 횡단	철도· 궤도	횡단보도교 위	기타
저·고압		6	6.5	3.5 (저압 : 절연전선, 다심형전선, 케이블 : 3)	5 (교통에 지장이 없는 경우 : 4)
특고압	35[kV] 이하	6	6.5	5 (특고압 절연전선, 케이블 : 4)	5
	35[kV] 초과 160[kV] 이하	6	6.5	6 (특고압 케이블 : 5)	6(산지 : 5)
	160[kV] 초과			35[kV] 초과 160[kV] 이하의 규정 높이 + 단수×0.12[m] 예시) 도로횡단 6+단수×0.12로 한다.	

⑥ 가공지선
- 고압 가공전선로 : 지름 4[mm] 이상의 나경동선
- 특고압 가공전선로 : 지름 5[mm] 이상의 나경동선

⑦ 가공전선 등의 병행설치 : 전력선과 전력선을 동일 지지물에 시설

전압	표준	고압에 케이블 사용	특고압에 케이블 사용 및 저·고압에 절연전선 또는 케이블 사용
저고압	0.5[m] 이상	0.3[m] 이상	
35[kV] 이하	1.2[m] 이상		0.5[m] 이상
35[kV] 초과 60[kV] 이하	2[m] 이상		1[m] 이상

- 35[kV] 초과 100[kV] 미만과 저·고압 병행설치 시
  - 특고압 가공전선로는 제2종 특고압 보안공사
  - 특고압 가공전선은 케이블인 경우를 제외하고는 인장강도 21.67[kN] 이상의 연선 또는 단면적이 50[mm²] 이상인 경동연선
- 100[kV] 이상 : 저·고압 병행설치 금지

⑧ 가공 전선과 건조물의 접근
- 저·고압 가공전선로

건조물 조영재의 구분	접근형태	전선 종류	이격거리 저압	이격거리 고압
상부 조영재	위쪽(옆쪽)	나전선	2(1.2)	2(1.2)
		고압, 특고압 절연전선	1(0.4)	
		케이블	1(0.4)	1(0.4)

- 35[kV] 이하인 특고압 가공 전선과 건조물의 조영재 이격거리

건조물 조영재의구분	접근형태	전선 종류	이격거리
상부 조영재	위쪽(옆쪽)	나전선	3
		특고압 절연전선	2.5(1.5)
		케이블	1.2(0.5)

- 35[kV] 초과인 특고압 가공 전선과 건조물의 조영재 이격거리
  - 이격거리 = 35[kV] 이하의 조영재 이격거리 + (단수×0.15)[m]

- 35[kV]초과 400[kV] 미만인 특고압 가공전선이 건조물과 제2차 접근상태
  - 제1종 특고압 보안공사

- 사용전압이 400[kV] 이상의 특고압 가공전선이 건조물과 제2차 접근상태
  - 전선높이가 최저상태일 때 수직거리 : 28[m] 이상

⑨ 가공 전선과 안테나와의 이격거리

종류	저압	고압	특고압 (25[kV] 이하 다중접지)
안테나	0.6[m] (고압 절연전선, 특고압 절연전선, 케이블 0.3[m])	0.8[m] (케이블 0.4[m])	나전선 : 2[m] 절연전선 : 1.5[m] 케이블 : 0.5[m]

⑩ 가공전선과 가공약전류전선 등의 공용설치

- 공가(가공전선 등의 병행) : 전력선과 가공 약전류전선을 동일 지지물에 시설

시설 방법	저압	고압	특고압(35[kV] 이하)
절연전선	0.75[m]	1.5[m]	2[m]
케이블	0.3[m]	0.5[m]	0.5[m]

- 특고압 35[kV] 초과 시 설치 금지
- 인장강도 21.67[kN] 이상의 연선 또는 단면적이 50[㎟] 이상인 경동연선
- 특고압 가공전선로는 제2종 특고압 보안공사

⑪ 가공 전선과 식물과의 이격거리

종류			이격거리
식물	저·고압		상시 바람에 접촉이 되지 않게 시설
	특고압	25[kV] 이하 다중접지	1.5[m]
		60[kV] 이하	2[m]
		60[kV] 초과	2+0.12×단수 [m]

3. 시가지 특고압 가공전선로

① 사용전압 : 170[kV]이하

② 애자장치 : 50[%] 충격섬락전압 값 = 애자장치 값의 110[%]
   (사용전압이 130[kV]를 초과 : 105[%])

③ 지지물 : 철주, 철근콘크리트주, 철탑(목주 사용 금지)

④ 전선의 단면적

사용전압의 구분	전선의 단면적
100[kV] 미만	55[㎟] 이상의 경동연선
100[kV] 이상	150[㎟] 이상의 경동연선

※ 사용전압이 170[kV] 초과하는 경우 : 240[㎟] 이상의 강심알루미늄선

⑤ 전선의 지표상의 높이

사용전압의 구분	지표상의 높이
35[kV]이하	10[m](특고압 절연전선 : 8[m])
35[kV]초과	10[m]에 35[kV]를 초과하는 10[kV] 또는 그 단수마다 0.12[m]를 더한 값

⑥ 100[kV]을 초과 특고압 가공전선에 지락, 단락 : 1초 이내에 자동 차단하는 장치

4. 특고압 가공전선로 규정

사용전압	이격거리[m]
15 [kV] 미만	0.15
15 [kV] 이상 25 [kV] 미만	0.2
60 [kV] 이상 70 [kV] 미만	0.4
130 [kV] 이상 160 [kV] 미만	0.9

① 특고압 가공전선과 지지물 등의 이격거리
② 특고압 가공전선로의 지지물(표준형)

- 직선형 : 전선로의 직선 부분(3도 이하인 수평 각도를 이루는 곳을 포함)
- 각도형 : 전선로 중 3도를 넘는 수평 각도를 이루는 곳에 사용
- 잡아당김형 : 전 가섭선을 잡아당기는 곳에 사용
- 내장형 : 전선로의 지지물 양쪽의 경간의 차가 큰 곳에 사용

　　　　　직선 철탑 10기마다 내장 애자 장치 철탑 1기 시설

③ 특고압 가공전선과 도로 등의 접근 또는 교차(제1차 접근 상태)

사용전압의 구분	이격거리
35[kV] 이하	3 [m]
35[kV] 초과	3 [m]에 사용전압이 35[kV]를 초과하는 10[kV] 또는 그 단수마다 0.15[m]를 더한 값

④ 특고압 가공전선 상호 교차 및 저·고압 가공전선 등의 접근 또는 교차

사용전압의 구분	이격거리
60[kV] 이하	2 [m]
60[kV] 초과	2 [m]에 사용전압이 60[kV]를 초과하는 10[kV] 또는 그 단수마다 0.12[m]를 더한 값

5. 25[kV]이하 특고압 가공전선로(중성선 다중접지 식으로 2초 이내 자동차단장치 시설)

① 접지도체의 굵기 : 6[mm²] 이상의 연동선
② 접지한 곳 상호 간의 거리

- 15[kV] 이하 : 300[m] 이하
- 15[kV] 초과하고 25[kV] 이하 : 150[m] 이하

③ 각 접지도체를 중성선으로부터 분리하였을 경우

전압	각 접지점의 대지 전기저항 값	1[km]마다의 합성 전기저항 값
15[kV] 이하	300[Ω]	30[Ω]
15[kV] 초과 25[kV] 이하	300[Ω]	15[Ω]

④ 건조물과의 이격거리

건조물의 조영재	접근 형태	전선의 종류	이격거리[m]
상부 조영재	위쪽(옆쪽)	나전선	3(1.5)

| | | 특고압 절연전선 | 2.5(1) |
| | | 케이블 | 1.2(0.5) |

⑤ 특고압 가공전선이 가공약전류 전선 등·저압 또는 고압의 가공전선·안테나, 저압 또는 고압의 전차선과 접근 또는 교차하는 경우

구분	가공전선의 종류	이격(수평이격) 거리[m]
가공약전류 전선 등·저압 또는 고압의 가공전선·저압 또는 고압의 전차선·안테나	나전선	2.0
	특고압 절연전선	1.5
	케이블	0.5

⑥ 특고압 가공전선로의 다중접지를 한 중성선 : 저압 가공전선의 규정

⑦ 병행설치 : 저·고압의 가공전선 이격거리 : [1m](케이블 : 0.5[m]) 이상

⑧ 식물과의 이격거리 : 1.5[m] 이상

6. 경간규정([m])

지지물	표준경간	특고압(시가지)	저·고압 보안공사	1종 특고압 보안공사	2, 3종 특고압 보안공사
목주·A종	150	75	100		100
B종	250	150	150	150	200
철탑	600	400	400	400	400

7. 보안공사

① 저압 보안공사

- 전선 : 지름 5[mm](400[V] 이하 : 지름 4[mm] 이상의 경동선)

② 고압 보안공사

- 전선 : 지름 5[mm] 이상의 경동선
- 목주 안전율 : 1.5 이상

③ 특고압 보안공사

- 제1종 특고압 보안공사((35[kV] 초과, 제2차 접근 상태))
    - 전선

사용전압	전선
100[kV] 미만	55 [mm²] 이상의 경동연선
100[kV] 이상 300[kV] 미만	150 [mm²] 이상의 경동연선
300[kV] 이상	200 [mm²] 이상의 경동연선

- 지지물 : 목주, A종 사용금지

- 제2종 특고압 보안공사(35[kV] 이하, 제2차 접근 상태)
    - 특고압 가공전선 : 연선

    - 목주 안전율 : 2 이상
  • 제3종 특고압 보안공사(제1차 접근 상태)

8. 지중 전선로

① 지중전선로 시설
  • 케이블
  • 직접매설식, 관로식, 암거식
  • 직접매설식
    - 차량 기타 중량물의 압력 : 1.0[m] 이상
    ※ 지중전선을 견고한 트라프 기타 방호물에 넣지 않고도 부설 : 콤바인덕트 케이블
    - 기타 장소 : 0.6[m] 이상
  • 관로식
    - 차량 기타 중량물의 압력 : 1.0[m] 이상
    - 기타 장소 : 0.6[m] 이상

② 지중함 시설 : 1[m³] 이상인 것에는 통풍장치 기타 가스를 방산 장치

③ 지중전선의 피복금속체 : 접지공사

④ 지중전선과 지중약전류전선 등 또는 관과의 접근 또는 교차
  • 누설전류 또는 유도작용에 의한 통신장해 방지
  • 저·고압 : 0.3 [m] 이하, 특고압 : 0.6[m] 이하
  • 특고압 : 가연성(유독성)의 유체(流體)를 내포하는 관과 접근, 교차
    - 이격거리 : 1[m] 이하
    - 25[kV] 이하인 다중접지방식 : 0.5[m] 이하

9. 가공인입선의 시설

① 저압 가공인입선
  • 전선 : 지름 2.6[mm]이상의 인입용 비닐절연전선
        (경간이 15[m] 이하 : 지름 2[mm] 이상의 인입용 비닐절연전선)

② 저압 이웃 연결 인입선
  • 100[m]를 초과하는 지역에 미치지 아니할 것
  • 폭 5[m]를 초과하는 도로를 횡단하지 아니할 것
  • 옥내를 통과하지 아니할 것

③ 고압 가공인입선
  • 전선 : 지름 5[mm] 이상의 경동선
  • 높이 : 위험표시 지표상 3.5[m]

- 고압 이웃 연결 인입선은 시설 금지

10. 옥측전선로

① 저압 옥측전선로 : 애자공사, 금속관공사, 버스덕트공사, 케이블공사, 합성수지관공사(목조 가능)

② 고압 옥측전선로 : 케이블

③ 특고압 옥측전선로 : 100[kV] 초과 시 시설 불가능

11. 옥상전선로

① 저압 옥상전선로

- 전선 : 지름 2.6[mm] 이상의 경동선
- 지지점 간 거리 : 15[m] 이하

② 고압 옥상전선로 : 케이블(1구내)

③ 특고압 옥상전선로 : 시설금지

12. 농사용 전선로

① 사용전압 : 저압

② 전선로의 경간 : 30[m] 이하

13. 구내에 시설하는 저압 가공전선로

① 1구내에만 시설

② 전선로의 경간 : 30[m] 이하

14. 터널전선로(철도, 궤도 또는 자동차도 전용터널)

① 저압 전선 : 단면적 2.5[mm²] 이상, 노면상 2.5[m] 이상

② 고압 전선 : 4[mm] 이상, 노면상 3[m] 이상

15. 수상전선로

① 저압 : 클로로프렌 캡타이어 케이블, 고압 : 캡타이어 케이블

② 접속점(수면상 : 저압 4[m]이상, 고압 5[m]이상)

16. 교량에 시설하는 전선로

① 저·고압 : 교량의 노면상 5[m] 이상

② 전선 : 저압은 2.6[mm] 이상, 고압은 케이블

CHAPTER 03 필수 기출문제

꼭! 나오는 문제만 간추린

01 가공 전선로의 지지물에 취급자가 오르고 내리는 데 사용하는 발판 못 등은 일반적으로 지표상 몇 [m] 미만에 시설하여서는 아니 되는가?

① 1.2
② 1.5
③ 1.8
④ 2.0

해설 (KEC 331.4조) 가공전선로 지지물의 철탑오름 및 전주오름 방지
가공전선로의 지지물에 취급자가 오르고 내리는 데 사용하는 발판 볼트 등을 지표상 1.8[m] 미만에 시설하여서는 아니 된다.

【답】③

02 갑종 풍압 하중으로서 목주, 원형 철주, 원형 철근 콘크리트는 수직 투영면적 1[m²]에 대하여 몇 [Pa]의 풍압으로 기준을 삼는가?

① 882
② 745
③ 666
④ 588

해설 (KEC 331.6조) 풍압 하중의 종별과 적용
갑종 풍압 하중은 구성재의 수직 투영면적 1[m²]에 대한 풍압을 기초로 하여 계산한 것

풍압을 받는 구분			구성재의 수직 투영면적 1[m²]에 대한 풍압
지지물	목주		588[Pa]
	철주	원형의 것	588[Pa]
		삼각형 또는 마름모형의 것	1,412[Pa]
		강관에 의하여 구성되는 4각형의 것	1,117[Pa]
		기타의 것	복재(腹材)가 전·후면에 겹치는 경우에는 1,627[Pa], 기타의 경우에는 1,784[Pa]
	철근 콘크리트주	원형의 것	588[Pa]
		기타의 것	882[Pa]

【답】④

03 강관으로 구성된 철탑의 갑종 풍압 하중은 수직 투영면적 1[m²]에 대한 풍압을 기초로 하여 계산한 값이 몇 [Pa]인가?

① 1,255
② 1,412
③ 1,627
④ 2,157

해설 (KEC 331.6조) 풍압 하중의 종별과 적용
갑종 풍압 하중은 구성재의 수직 투영면적 1[m²]에 대한 풍압을 기초로 하여 계산한 것

풍압을 받는 구분			구성재의 수직 투영면적 1[m²]에 대한 풍압
지지물	철탑	단주(완철류는 제외함) 원형의 것	588[Pa]
		기타의 것	1,117[Pa]
		강관으로 구성되는 것(단주는 제외함)	1,255[Pa]
		기타의 것	2,157[Pa]

【답】①

04 빙설이 많은 지방 이외의 지방에서 저온계절에 어떤 풍압하중을 적용하는가?
① 갑종풍압하중
② 을종풍압하중
③ 병종풍압하중
④ 갑종풍압하중과 을종풍압하중 중 큰 것

해설 (KEC 331.6조) 풍압 하중의 종별과 적용
빙설이 많은 지방 이외의 지방에서는 고온계절에는 갑종 풍압하중, 저온계절에 병종 풍압하중 【답】③

05 가공 전선로에 사용하는 지지물의 강도 계산에 적용하는 병종 풍압 하중은 갑종 풍압 하중의 몇 [%]를 기초로 하여 계산한 것인가?
① 110
② 80
③ 50
④ 30

해설 (KEC 331.6조) 풍압 하중의 종별과 적용
병종 풍압 하중 : 갑종 풍압의 2분의 1을 기초로 하여 계산한 것 【답】③

06 빙설의 경도에 따라 풍압하중을 적용하도록 규정하고 있는 내용 중 옳은 것은? (단, 빙설이 많은 지방 이외의 지방이다)
① 고온계절에는 갑종 풍압하중, 저온계절에는 을종 풍압하중을 적용한다.
② 고온계절에는 을종 풍압하중, 저온계절에는 갑종 풍압하중을 적용한다.
③ 고온계절에는 갑종 풍압하중, 저온계절에는 병종 풍압하중을 적용한다.
④ 고온계절에는 을종 풍압하중, 저온계절에는 병종 풍압하중을 적용한다.

해설 (KEC 331.6조) 풍압 하중의 종별과 적용
• 빙설이 많은 지방 이외의 지방에서는 고온계절에는 갑종 풍압하중, 저온계절에 병종 풍압하중
• 빙설이 많은 지방(제3호의 지방은 제외한다)에서는 고온계절에는 갑종 풍압하중, 저온계절에는 을종 풍압하중
• 빙설이 많은 지방 중 해안지방 기타 저온계절에 최대풍압이 생기는 지방에서는 고온 계절에는 갑종 풍압하중, 저온계절에는 갑종 풍압하중과 을종 풍압하중 중 큰 것.
• 인가가 많이 이웃 연결되어 있는 장소에 시설하는 가공전선로의 구성재는 병종 풍압하중 을 적용할 수 있다. 【답】③

07 가공 전선로의 지지물이 아닌 것은?
① 목주
② 지지선
③ 철탑
④ 철근 콘크리트주

해설 (KEC 331.7조) 가공전선로 지지물의 기초의 안전율
가공전선로의 지지물은 목주, 철주, 철근 콘크리트주, 철탑을 사용하며 지지선은 지지물의 강도 보강을 위해 설치한다. 【답】②

08 가공전선로의 지지물에 하중이 가해지는 경우 그 하중을 받는 지지물의 기초 안전율은 얼마 이상 이어야 하는가?
① 1.5
② 2.0
③ 2.5
④ 3.0

해설 (KEC 331.7조) 가공 전선로 지지물의 기초의 안전율
가공전선로의 지지물에 하중이 가하여지는 경우에 그 하중을 받는 지지물의 기초의 안전율은 2 이상 【답】②

09 고압 전선로의 지지물로서 길이 9[m]의 A종 철근 콘크리트주를 시설할 때 땅에 묻히는 깊이는 몇 [m] 이상으로 하여야 하는가?

① 1.2
② 1.5
③ 2
④ 2.5

해설 (KEC 331.7조) 가공전선로 지지물의 기초의 안전율
강관을 주체로 하는 철주(이하 "강관주"라 한다.) 또는 철근 콘크리트주로서 그 전체 길이가 16[m] 이하, 설계 하중이 6.8[kN] 이하인 것 또는 목주를 다음에 의하여 시설하는 경우
① 전체의 길이가 15[m] 이하인 경우는 땅에 묻히는 깊이를 전체 길이의 6분의 1이상으로 할 것
② 전체의 길이가 15[m]를 초과하는 경우는 땅에 묻히는 깊이를 2.5[m] 이상으로 할 것
③ 논이나 그 밖의 지반이 연약한 곳에서는 견고한 근가(根架)를 시설할 것

따라서 근입 깊이는 $9 \times \dfrac{1}{6} = 1.5$[m] 【답】②

10 가공 전선로의 지지물에 시설하는 지지선은 소선이 최소 몇 가닥 이상의 연선이어야 하는가?

① 3
② 5
③ 7
④ 9

해설 (KEC 331.11조) 지지선의 시설
가공전선로의 지지물에 시설하는 지지선에 연선을 사용할 경우, 소선(素線) 3가닥 이상의 연선일 것 【답】①

11 지지선으로 보강하여서는 안 되는 지지물은?

① 목주
② 판자 마스트
③ 철근 콘크리트주
④ 철탑

해설 (KEC 331.11조) 지지선의 시설
가공전선로의 지지물로 사용하는 철탑은 지지선을 사용하여 그 강도를 분담시켜서는 아니 된다. 【답】④

12 가공 전선로의 지지물에 시설하는 지지선의 설치 기준으로 옳은 것은?

① 지지선의 안전율은 1.2 이상일 것
② 소선은 3조 이상을 꼬아서 합친 것일 것
③ 소선은 지름 1.2[mm] 이상인 금속선을 사용한 것일 것
④ 허용 인장하중의 최저는 3.92[kN]으로 할 것

해설 (KEC 331.11조) 지지선의 시설 – 가공전선로의 지지물에 시설하는 지지선
• 지지선의 안전율은 2.5 이상일 것. 이 경우에 허용 인장하중의 최저는 4.31[kN]으로 한다.
• 지지선에 연선을 사용할 경우에는 다음에 의할 것
  – 소선(素線) 3가닥 이상의 연선일 것
  – 소선의 지름이 2.6[mm] 이상의 금속선을 사용한 것일 것 【답】②

13 가공 전선로의 지지물에 시설하는 지지선의 안전율과 허용 인장하중의 최저값은?

① 안전율 : 3.0, 허용 인장하중 : 2.21[kN]
② 안전율 : 2.5, 허용 인장하중 : 4.31[kN]
③ 안전율 : 2.0, 허용 인장하중 : 5.41[kN]
④ 안전율 : 1.5, 허용 인장하중 : 3.23[kN]

해설 (KEC 331.11조) 지지선의 시설 - 가공전선로의 지지물에 시설하는 지지선
지지선의 안전율은 2.5 이상일 것. 이 경우에 허용 인장하중의 최저는 4.31[kN]으로 한다. 【답】②

14 고압가공전선에 케이블을 사용하고 케이블은 조가용선에 행거로 시설할 경우 행거의 간격을 몇 [m] 이하로 하는가?
① 0.2
② 0.3
③ 0.5
④ 0.7

해설 (KEC 332.2조) 가공케이블의 시설
케이블은 조가선에 행거로 시설할 것. 고압인 경우 행거의 간격은 0.5[m] 이하 【답】③

15 고압 가공 전선로의 가공약전류전선로가 병행하는 경우, 유도 작용에 의하여 통신상의 장해가 미치지 아니하도록 하기 위한 최소 이격거리[m]는?
① 0.5
② 1.0
③ 1.5
④ 2.0

해설 (KEC 332.1조) 가공약전류전선로의 유도장해 방지
저압 가공전선로 또는 고압 가공전선로와 기설 가공약전류전선로가 병행하는 경우에는 유도 작용에 의하여 통신상의 장해가 생기지 아니하도록 전선과 기설 약전류 전선 간의 이격거리는 2[m] 이상 【답】④

16 사용전압이 25[kV] 이하의 특고압 가공 선로에서 전화 선로에 유도되는 유도전류는 전화 선로의 길이 12[km]마다 몇 [μA] 이하의 값이어야 하는가?
① 1
② 2
③ 3
④ 5

해설 (KEC 333.2조) 유도장해의 방지
① 사용전압이 60[kV] 이하인 경우 : 전화 선로의 길이 12[km]마다 유도전류가 2[μA]를 넘지 아니하도록 할 것
② 사용전압이 60[kV]를 초과하는 경우 : 전화 선로의 길이 40[km] 마다 유도전류가 3[μA]를 넘지 아니하도록 할 것 【답】②

17 시가지 내에 가설되는 200[V] 가공 전선을 절연전선으로 사용할 경우 그 최소 굵기는 지름 몇 [mm]인가?
① 2
② 2.6
③ 3.2
④ 4

해설 (KEC 222.5조) 저압 가공전선의 굵기 및 종류
① 사용전압이 400[V] 이하인 가공전선 : 케이블인 경우를 제외하고는 지름 3.2[mm](절연전선인 경우는 2.6[mm])의 경동선 이상
② 사용전압이 400[V] 초과인 저압 가공전선 : 케이블인 경우 이외에는 시가지에 시설하는 것은 인장강도 8.01[kN] 이상의 것 또는 지름 5[mm] 이상의 경동선, 시가지 외에 시설하는 것은 인장강도 5.26[kN] 이상의 것 또는 지름 4[mm] 이상의 경동선 【답】②

18 일반적으로 저압 가공 전선으로 사용할 수 없는 것은?
① 케이블
② 절연전선
③ 다심형 전선
④ 나동복강선

해설 (KEC 222.5조) 저압 가공전선의 굵기 및 종류
저압 가공전선은 나전선(중성선 또는 다중 접지된 접지 측 전선으로 사용하는 전선에 한한다), 절연전선, 다심형 전선 또는 케이블을, 고압 가공전선은 고압 절연전선, 특고압 절연전선, 또는 케이블을 사용하여야 한다. 【답】 ④

19 저압 보안공사 시 사용전압이 400[V] 이하인 경우에는 지름 몇 [mm] 이상의 경동선을 사용하여야 하는가?

① 2.6 ② 4
③ 6   ④ 5

해설 (KEC 222.10조) 저압 보안공사
케이블이 아닌 경우 인장강도 8.01[kN] 이상의 것 또는 지름 5[mm](사용전압이 400[V] 이하인 경우에는 인장강도 5.26[kN] 이상의 것 또는 지름 4[mm] 이상의 경동선) 이상의 경동선일 것 【답】 ②

20 고압 가공 전선에 ACSR을 사용할 때 안전율은?

① 2.0 ② 2.2
③ 2.5 ④ 3.0

해설 (KEC 332.4조) 고압 가공전선의 안전율
고압 가공전선은 케이블인 경우 이외에는 그 안전율이 경동선 또는 내열 동합금선은 2.2 이상, **그 밖의 전선은 2.5 이상**이 되는 전선처짐 정도로 시설하여야 한다. 【답】 ③

21 ★★★★★
고압 가공 전선이 경동선 또는 내열 동합금선인 경우 안전율의 최소값은?

① 2.2 ② 2.5
③ 3.0 ④ 4.0

해설 (KEC 332.4조) 고압 가공전선의 안전율
고압 가공전선은 케이블인 경우 이외에는 그 안전율이 경동선 또는 내열 동합금선은 2.2 이상, 그 밖의 전선은 2.5 이상이 되는 전선처짐 정도로 시설하여야 한다. 【답】 ①

22 ★★★★★
저압가공전선의 높이는 도로를 횡단하는 경우와 철도를 횡단하는 경우에 각각 몇 [m] 이상이어야 하는가?

① 도로 : 지표상 5[m], 철도 : 레일면상 6[m]
② 도로 : 지표상 5[m], 철도 : 레일면상 6.5[m]
③ 도로 : 지표상 6[m], 철도 : 레일면상 6[m]
④ 도로 : 지표상 6[m], 철도 : 레일면상 6.5[m]

해설 (KEC 332.5조) 저·고압 가공전선의 높이
① 도로횡단 : 6[m] 이상
② 철도횡단 : 레일면상 6.5[m] 이상
③ 횡단보도교 위 : 3.5[m] 이상(단, 저압용으로 인입용 절연전선 사용 시 3[m])
④ 기타 : 5[m] 이상 【답】 ④

23 옥외용 비닐 절연전선을 사용한 저압 가공 전선을 횡단보도교에 시설하는 경우에 그 전선의 노면상 높이는 몇 [m] 이상이어야 하는가?

① 2.5 ② 3 ③ 3.5 ④ 4

해설 (KEC 222.7조) 저압 가공전선의 높이
횡단보도교의 위에 시설하는 경우에는 저압 가공전선은 그 노면상 3.5[m](전선이 저압 절연전선·다심형 전선·고압 절연전선·특고압 절연전선 또는 케이블인 경우에는 3[m]) 이상, 고압 가공전선은 그 노면상 3.5[m] 이상 【답】②

24
공칭 전압 20,000[V]의 가공 전선이 철도를 횡단하는 경우 전선의 레일면상 최저 높이[m]는?
① 5
② 5.5
③ 6
④ 6.5

해설 (KEC 333.7조) 특고압 가공전선의 높이

사용전압의 구분	지표상의 높이
35[kV] 이하	5[m] (철도 또는 궤도를 횡단하는 경우에는 **6.5[m]**, 도로를 횡단하는 경우에는 6[m], 횡단보도교의 위에 시설하는 경우로서 전선이 특고압 절연전선 또는 케이블인 경우에는 4[m])

【답】④

25
22.9[kV] 특고압 가공 전선로가 도로를 횡단할 때의 지표상 최저 높이 [m]는?
① 5
② 5.5
③ 6
④ 6.5

해설 (KEC 333.7조) 특고압 가공전선의 높이

사용전압의 구분	지표상의 높이
35[kV] 이하	5[m] (철도 또는 궤도를 횡단하는 경우에는 6.5[m], **도로를 횡단하는 경우에는 6[m]**, 횡단보도교의 위에 시설하는 경우로서 전선이 특고압절연전선 또는 케이블인 경우에는 4[m])

【답】③

26
345[kV] 초고압 가공 송전선로를 평야에 건설할 경우 전선의 지표상 높이는 몇 [m] 이상인가?
① 5.5
② 6
③ 7.5
④ 8.28

해설 (KEC 333.7조) 특고압 가공전선의 높이

사용전압의 구분	지표상의 높이
160[kV] 초과	6[m] (철도 또는 궤도를 횡단하는 경우에는 6.5[m] 산지 등에서 사람이 쉽게 들어갈 수 없는 장소를 시설하는 경우에는 5[m])에 160[kV]를 초과하는 10[kV] 또는 그 단수마다 0.12[m]를 더한 값

여기서, 단수 34.5 − 16 = 18.5이므로 19단
이격거리는 6 + 19 × 0.12 = 8.28[m] 【답】④

27
고압 가공 전선로에 사용하는 가공지선으로 나경동선을 사용할 경우 그 굵기는 몇 [mm] 이상 이어야 하는가?
① 3.2
② 3.5
③ 4.0
④ 5.0

해설 (KEC 332.6조) 고압 가공전선로의 가공지선
고압 가공전선로에 사용하는 가공지선은 인장강도 5.26[kN] 이상의 것 또는 **지름 4[mm] 이상**의 나경동선을 사용하여야 한다. 【답】③

28
B종 철주를 사용하는 특고압 가공 전선로의 표준 경간의 최대값은 몇 [m] 이하이어야 하는가? 단, 시가지 외에 시설되는 일반 공사의 경우임

① 250
② 300
③ 350
④ 400

해설 (KEC 333.21조) 특고압 가공전선로의 경간 제한
특고압 가공전선로의 경간은 표에서 정한 값 이하이어야 한다.

지지물의 종류	경간
목주·A종 철주 또는 A종 철근 콘크리트주	150[m]
B종 철주 또는 B종 철근 콘크리트주	**250[m]**
철탑	600[m](단주인 경우에는 400[m])

【답】①

29
★★★★★
특고압 가공 전선로의 철탑의 경간은 얼마 이하로 하여야 하는가?

① 400[m]
② 500[m]
③ 600[m]
④ 800[m]

해설 (KEC 333.21조) 특고압 가공전선로의 경간 제한

지지물의 종류	경간
목주·A종 철주 또는 A종 철근 콘크리트주	150[m]
B종 철주 또는 B종 철근 콘크리트주	250[m]
철탑	**600[m](단주인 경우에는 400[m])**

【답】③

30
농사용 저압 가공 전선로의 최대 경간은 몇 [m]인가?

① 30
② 60
③ 50
④ 100

해설 (KEC 222.22조) 농사용 저압 가공전선로의 시설
전선로의 경간은 30[m] 이하일 것

【답】①

31
방직 공장의 구내 도로에 조명등용 저압 가공 전선로를 설치하고자 한다. 전선로의 최대 경간은 몇 [m]인가?

① 20
② 30
③ 40
④ 50

해설 (KEC 222.23조) 구내에 시설하는 저압 가공전선로
전선로의 경간은 30[m] 이하일 것

【답】②

32
저압 가공 전선과 식물과의 이격거리는 저압 가공 전선에 있어서는 몇 [m] 이상이어야 하는가?

① 0.2
② 0.3
③ 0.6
④ 상시 불고 있는 바람에 접촉하지 않도록

해설 (KEC 332.19조) 고압 가공전선과 식물의 이격거리
저압 또는 고압 가공전선은 상시 부는 바람 등에 의하여 식물에 접촉하지 않도록 시설하여야 한다.

【답】④

33 60[kV]의 송전선로의 송전선과 수목과의 최소 이격거리는 몇 [m]인가?

① 2.0
② 2.2
③ 2.12
④ 3.45

해설 (KEC 333.30조) 특고압 가공전선과 식물의 이격거리

사용전압의 구분	이격거리
60[kV] 이하	2[m]
60[kV] 초과	2[m]에 사용전압이 60[kV]를 초과하는 10[kV] 또는 그 단수마다 0.12[m]를 더한 값

【답】①

34 사용전압 154[kV]의 가공 송전선과 식물과의 최소 이격거리는 몇 [m]인가?

① 3.0[m]
② 3.12[m]
③ 3.2[m]
④ 3.4[m]

해설 (KEC 333.30조) 특고압 가공전선과 식물의 이격거리

사용전압의 구분	이격거리
60[kV] 이하	2[m]
60[kV] 초과	2[m]에 사용전압이 60[kV]를 초과하는 10[kV] 또는 그 단수마다 0.12[m]를 더한 값

여기서, 단수 15.4 - 6 = 9.4이므로 10단
이격거리는 2 + 10 × 0.12 = 3.2[m]

【답】③

35 중성선 다중 접지식으로서 전로에 지기가 생겼을 때에 2초 이내에 자동적으로 이를 전로로부터 차단하는 장치가 되어 있는 22.9[kV] 특고압 가공 전선과 식물과의 이격거리는 몇 [m] 이상이어야 하는가?

① 1.2
② 1.5
③ 2
④ 2.5

해설 (KEC 333.32조) 25[kV] 이하인 특고압 가공전선로의 시설
특고압 가공전선과 식물 사이의 이격거리는 1.5[m] 이상일 것

【답】②

36 전선에 저압 절연전선을 사용한 220[V] 저압 가공 전선이 안테나와 접근 상태로 시설되는 경우의 이격거리는 몇 [m] 이상이어야 하는가?

① 0.3
② 0.6
③ 1
④ 1.2

해설 (KEC 222.14조) 저압 가공전선과 안테나의 접근 또는 교차
가공전선과 안테나 사이의 이격거리는 저압은 0.6[m](전선이 고압 절연전선, 특고압 절연전선 또는 케이블인 경우에는 0.3[m]) 이상, 고압은 0.8[m](전선이 케이블인 경우에는 0.4[m]) 이상일 것

【답】②

37 고압 절연전선을 사용한 6.6[kV] 배전선이 안테나와 접근 상태로 시설되는 경우, 그 이격거리 [m]는?

① 0.6 이상
② 0.8 이상
③ 1 이상
④ 1.2 이상

해설 (KEC 332.14조) 고압 가공전선과 안테나의 접근 또는 교차
가공전선과 안테나 사이의 이격거리는 저압은 0.6[m](전선이 고압 절연전선, 특고압 절연전선 또는 케이블인 경우에는 0.3[m]) 이상, 고압은 0.8[m](전선이 케이블인 경우에는 0.4[m]) 이상일 것 【답】②

38 22.9[kV] 3상 4선식 중성점 다중 접지방식의 가공 전선에 특고압 절연전선을 사용한 경우 안테나와의 최소 이격거리는 몇 [m]인가?

① 0.75
② 1
③ 1.5
④ 2

해설 (KEC 333.32조) 25[kV] 이하인 특고압 가공전선로의 시설
특고압 가공전선이 건조물·도로·횡단보도교·철도·궤도·삭도·가공 약전류 전선 등·안테나·저압이나 고압의 가공전선 또는 저압이나 고압의 전차선과 접근 또는 교차 상태로 시설되는 경우 이격거리는 표에서 정한 값 이상일 것

구분	가공전선의 종류	이격(수평 이격)거리
가공 약전류 전선 등·저압 또는 고압의 가공전선·저압 또는 고압의 전차선·안테나	나전선	2.0[m]
	특고압 절연전선	**1.5[m]**
	케이블	0.5[m]
가공약전류전선로 등·저압 또는 고압의 가공전선로·저압 또는 고압의 전차선로의 지지물	나전선	1.0[m]
	특고압 절연전선	0.75[m]
	케이블	0.5[m]

【답】③

39 ★★★★★ 절연전선을 사용한 3.3[kV] 가공 전선이 조영물 위쪽으로 접근할 때 조영물 상부와 전선 간의 최소 이격거리[m]는?

① 0.6
② 1.5
③ 2.0
④ 2.5

해설 (KEC 332.11조) 고압 가공전선과 건조물의 접근
고압 가공전선과 건조물의 조영재 사이의 이격거리는 표에서 정한 값 이상일 것

건조물 조영재의 구분	접근 형태	이격거리
상부 조영재	**위쪽**	2[m](전선이 케이블인 경우에는 1[m])
	옆쪽 또는 아래쪽	1.2[m](전선에 사람이 쉽게 접촉할 우려가 없도록 시설한 경우에는 0.8[m], 케이블인 경우에는 0.4[m])

【답】③

40 ★★★★★ 고압 가공 전선과 건조물의 상부 조영재와의 옆쪽 이격거리는 일반적인 경우 최소 몇 [m] 이상이어야 하는가?

① 1.5
② 1.2
③ 0.9
④ 0.6

해설 (KEC 332.11조) 고압 가공전선과 건조물의 접근
고압 가공전선과 건조물의 조영재 사이의 이격거리는 표에서 정한 값 이상일 것

건조물 조영재의구분	접근 형태	이격거리
상부 조영재	위쪽	2[m](전선이 케이블인 경우에는 1[m])
	옆쪽 또는 아래쪽	1.2[m](전선에 사람이 쉽게 접촉할 우려가 없도록 시설한 경우에는 0.8[m], 케이블인 경우에는 0.4[m])

【답】②

41 특고압 가공 전선이 건조물과 제1차 접근 상태에 시설되는 경우에 특고압 가공 전선로는 몇 종 특고압 보안공사를 하여야 하는가?

① 제1종 ② 제2종
③ 제3종 ④ 제4종

해설 (KEC 333.23조) 특고압 가공전선과 건조물의 접근
특고압 가공전선이 건조물과 제1차 접근 상태로 시설되는 경우 특고압 가공전선로는 **제3종 특고압 보안공사**에 의할 것
【답】③

42 사용전압 22.9[kV] 이하인 특고압 가공 전선이 건조물과 제2차 접근 상태에 시설되는 경우에 22.9[kV] 가공 전선로의 보안공사 종류는?

① 고압 보안공사 ② 제1종 특고압 보안공사
③ 제2종 특고압 보안공사 ④ 제3종 특고압 보안공사

해설 (KEC 333.23조) 특고압 가공전선과 건조물의 접근
사용전압이 35[kV] 이하인 특고압 가공전선이 건조물과 제2차 접근 상태로 시설되는 경우, **특고압 가공전선로는 제2종 특고압 보안공사**에 의할 것
【답】③

43 저압 가공전선 상호간의 접근 또는 교차하여 시설할 때 다음 (   )에 알맞은 것은?

> 저압 가공전선이 다른 저압 가공전선과 접근상태로 시설되거나 교차하여 시설되는 경우에는 저압 가공전선 상호 간의 이격거리는 (ⓐ)[m](어느 한 쪽의 전선이 고압 절연전선, 특고압 절연전선 또는 케이블인 경우에는 0.3[m]) 이상, 하나의 저압 가공전선과 다른 저압 가공전선로의 지지물 사이의 이격거리는 (ⓑ)[m] 이상이어야 한다.

① ⓐ : 0.6 ⓑ : 0.3 ② ⓐ : 0.3 ⓑ : 0.6
③ ⓐ : 0.3 ⓑ : 0.3 ④ ⓐ : 0.6 ⓑ : 0.6

해설 (KEC 222.16조) 저압 가공전선 상호 간의 접근 또는 교차
저압 가공전선이 다른 저압 가공전선과 접근상태로 시설되거나 교차하여 시설되는 경우에는 저압 가공전선 상호간의 이격거리는 0.6[m](어느 한 쪽의 전선이 고압 절연전선, 특고압 절연전선 또는 케이블인 경우에는 0.3[m]) 이상, 하나의 저압 가공전선과 다른 저압 가공전선로의 지지물 사이의 이격거리는 0.3[m] 이상이어야 한다.
【답】①

44 고압 가공 전선과 저압 가공 전선이 교차할 때 이격거리는 최소 몇 [m] 이상이 되는가?

① 0.6 ② 0.8
③ 1.0 ④ 1.2

해설 (KEC 332.16조) 고압 가공전선 등과 저압 가공전선 등의 접근 또는 교차

저압 가공전선 등 또는 그 지지물의 구분	이격거리
저압 가공전선 등	0.8[m](고압 가공전선이 케이블인 경우에는 0.4[m])
저압 가공전선 등의 지지물	0.6[m](고압 가공전선이 케이블인 경우에는 0.3[m])

【답】②

45 154[kV] 가공 송전선이 66[kV] 가공 송전선과 교차할 경우 상호 간의 최소 이격거리[m]는?

① 1 ② 2
③ 3.2 ④ 4

해설	(KEC 333.26조) 특고압 가공전선과 저·고압 가공전선 등의 접근 또는 교차

특고압 가공전선과 저·고압 가공전선 등 또는 이들의 지지물이나 지주 사이의 이격거리는 표에서 정한 값 이상일 것

사용전압의 구분	이격거리
60[kV] 이하	2[m]
60[kV] 초과	2[m]에 사용전압이 60[kV]를 초과하는 10[kV] 또는 그 단수마다 0.12[m]를 더한 값

여기서, 단수 15.4 − 6 = 9.4이므로 10단
이격거리는 2 + 10 × 0.12 = 3.2[m]   【답】③

46 저압 가공 전선을 가공 전화선에 접근하여 시설하는 경우 수평 이격거리의 최소값[m]은?
① 0.3 ② 0.6
③ 1 ④ 1.5

해설 (KEC 222.13조) 저압 가공전선과 가공 약전류 전선 등의 접근 또는 교차
저압 가공전선이 가공 약전류 전선 등과 접근하는 경우에는 저압 가공전선과 가공 약전류 전선 등 사이의 이격거리는 **0.6[m]**(가공 약전류 전선 등이 절연전선과 동등 이상의 절연 효력이 있는 것 또는 통신용 케이블인 경우는 0.3[m]) 이상일 것.   【답】②

47 고압 절연전선을 사용한 고압 가공 전선이 가공 약전류 전선과 접근하는 경우의 고압 가공 전선과 가공 약전류 전선과의 이격거리[m]의 최소값은?
① 0.6 ② 0.8
③ 1.0 ④ 1.2

해설 (KEC 332.13조) 고압 가공전선과 가공 약전류 전선 등의 접근 또는 교차
고압 가공전선이 가공 약전류 전선 등과 접근하는 경우는 고압 가공전선과 가공 약전류 전선 등 사이의 이격거리는 **0.8[m]**(전선이 케이블인 경우에는 0.4[m]) 이상일 것   【답】②

48 ★★★★★ 저압 보안공사 시에 사용되는 전선으로 경동선을 사용할 경우 그 지름은 몇 [mm]의 것을 사용하여야 하는가? 단, 400[V] 미만임
① 4 ② 3.5
③ 2.6 ④ 1.2

해설 (KEC 222.10조) 저압 보안공사
전선은 케이블인 경우 이외에는 인장강도 8.01[kN] 이상의 것 또는 지름 5[mm](**사용전압이 400[V] 이하인 경우에는 인장강도 5.26[kN] 이상의 것 또는 지름 4[mm] 이상의 경동선**) 이상의 경동선이어야 한다.   【답】①

49 고압 보안공사에 있어서 지지물에 B종 철근 콘크리트주를 사용하면 그 경간 [m]의 최대는?
① 100 ② 150
③ 200 ④ 250

해설 (KEC 332.10조) 고압 보안공사

지지물의 종류	경간
목주·A종 철주 또는 A종 철근 콘크리트주	100[m]
B종 철주 또는 B종 철근 콘크리트주	**150[m]**
철탑	400[m]

【답】②

50 목주 A종 철주 또는 A종 철근 콘크리트주 지지물을 사용할 수 없는 보안공사는?
① 고압 보안공사
② 제1종 특고압 보안공사
③ 제2종 특고압 보안공사
④ 제3종 특고압 보안공사

해설 (KEC 333.22조) 특고압 보안공사
전선로의 지지물에는 B종 철주·B종 철근 콘크리트주 또는 철탑을 사용할 것(목주나 A종 지지물은 사용할 수 없다)
【답】①

51 154[kV] 가공 송전선로를 제1종 특고압 보안공사에 의할 때 사용되는 경동연선의 굵기는 몇 [mm²] 이상이어야 하는가?
① 100
② 150
③ 200
④ 250

해설 (KEC 333.22조) 특고압 보안공사
전선은 케이블인 경우 이외에는 단면적이 표에서 정한 값 이상일 것

사용전압	전선
100[kV] 이상 300[kV] 미만	인장강도 58.84[kN] 이상의 연선 또는 단면적 150[mm²] 이상의 경동연선

【답】②

52 345[kV] 가공 전선로를 제1종 특고압 보안공사에 의하여 시설하는 경우에 사용하는 전선은 단면적 몇 [mm²]의 경동연선 또는 동등 이상의 세기 및 굵기의 것이어야 하는가?
① 100
② 125
③ 150
④ 200

해설 (KEC 333.22조) 특고압 보안공사
전선은 케이블인 경우 이외에는 단면적이 표에서 정한 값 이상일 것

사용전압	전선
300[kV] 이상	인장강도 77.47[kN] 이상의 연선 또는 단면적 200[mm²] 이상의 경동연선

【답】④

53 22.9[kV] 전선로를 제1종 특고압 보안공사로 시설한 경우 전선으로 경동연선을 사용한다면 그 단면적은 몇 [mm²] 이상의 것을 사용하여야 하는가?
① 38
② 55
③ 80
④ 100

해설 (KEC 333.22조) 특고압 보안공사
전선은 케이블인 경우 이외에는 단면적이 표에서 정한 값 이상일 것

사용전압	전선
100[kV] 미만	인장강도 21.67[kN] 이상의 연선 또는 단면적 55[mm²] 이상의 경동연선

【답】②

54 제2종 특고압 보안공사에 있어서 B종 철근 콘크리트주를 사용하는 경우에 최대 경간은 몇 [m]인가?
① 100[m]
② 150[m]
③ 200[m]
④ 400[m]

해설 (KEC 333.22조) 특고압 보안공사
제2종 특고압 보안공사의 경간은 표에서 정한 값 이하일 것

지지물의 종류	경간
목주・A종 철주 또는 A종 철근 콘크리트주	100[m]
B종 철주 또는 B종 철근 콘크리트주	200[m]
철탑	400[m](단주인 경우에는 300[m])

【답】③

55 저압가공전선과 고압 가공 절연전선을 동일 지지물에 시설하는 경우 두 전선 사이 간격은 몇 [m] 이상인가?(단, 각도주 분기주 등에서 혼촉의 우려가 없도록 시설하는 경우가 아니다)

① 0.5　　② 0.6　　③ 0.7　　④ 0.8

해설 (KEC 332.8조) 고압 가공 전선 등의 병행설치
저압 가공 전선과 고압 가공 전선 사이의 **이격거리는 0.5[m] 이상**일 것. 다만, 각도주・분기주 등에서 혼촉의 우려가 없도록 시설하는 경우에는 그러하지 아니하다.

【답】①

56 동일 지지물에 고・저압을 병행설치할 때 저압선의 위치는?

① 상부에 시설
② 동일 완금에 평행되게 시설
③ 하부에 시설
④ 옆쪽으로 평행되게 시설

해설 (KEC 332.8조) 고압 가공전선 등의 병행설치
저압 가공전선(다중 접지된 중성선은 제외)과 고압 가공전선을 동일 지지물에 시설하는 경우
① **저압 가공전선을 고압 가공전선의 아래로 하고 별개의 완금류에 시설할 것**
② 저압 가공전선과 고압 가공전선 사이의 이격거리는 0.5[m] 이상일 것

【답】③

57 66[kV] 가공 전선과 6[kV] 가공 전선을 동일 지지물에 병행설치하는 경우에 특고압 가공 전선의 굵기는 몇 [mm²] 이상의 경동연선을 사용하여야 하는가?

① 22　　② 38　　③ 50　　④ 100

해설 (KEC 333.17조) 특고압 가공전선과 저・고압 가공전선 등의 병행설치
사용전압이 35[kV]를 초과하고 100[kV] 미만인 특고압 가공전선과 저압 또는 고압 가공전선을 동일 지지물에 시설하는 경우, 특고압 가공전선은 케이블인 경우를 제외하고는 인장강도 21.67[kN] 이상의 연선 또는 단면적이 50[mm²] 이상인 경동연선일 것

【답】③

58 사용전압 66[kV]인 특고압 가공 전선로에 고압 가공 전선을 병행설치하는 경우 특고압 가공 전선로는 어느 종류의 보안공사를 하여야 하는가?

① 고압 보안공사
② 제1종 특고압 보안공사
③ 제2종 특고압 보안공사
④ 제3종 특고압 보안공사

해설 (KEC 333.17조) 특고압 가공전선과 저・고압 가공전선 등의 병행설치
사용전압이 35[kV]을 초과하고 100[kV] 미만인 특고압 가공전선과 저압 또는 고압 가공전선을 동일 지지물에 시설하는 경우, **특고압 가공전선로는 제2종 특고압 보안공사에 의할 것**

【답】③

59 고압 가공 전선과 가공 약전류 전선을 공용설치할 경우 최소 이격거리 [m]는?

① 0.5　　② 0.75　　③ 1.5　　④ 2.0

해설　(KEC 332.21조) 고압 가공전선과 가공약전류전선 등의 공용설치
저압 가공전선 또는 고압 가공전선과 가공 약전류 전선 등을 동일 지지물에 시설하는 경우
가공전선과 가공 약전류 전선 등 사이의 이격거리는 저압(다중 접지된 중성선을 제외)은 0.75[m] 이상, **고압은 1.5[m] 이상일 것**
【답】③

60 ★★★★★
가공 약전류 전선(전력 보안 통신선 및 전기철도의 전용 부지 안에 시설하는 전기철도용 통신선은 제외)을 사용전압이 22.9[kV]인 가공 전선과 동일 지지물에 공용설치 하고자 할 때 가공 전선으로 경동연선을 사용한다면 다음의 전선 규격 중 사용할 수 있는 경동연선은 어느 것인가?

① 50[mm²]의 경동연선　　② 45[mm²]의 경동연선
③ 38[mm²]의 경동연선　　④ 22[mm²]의 경동연선

해설　(KEC 333.19조) 특고압 가공전선과 가공 약전류 전선 등의 공용설치
사용전압이 35[kV] 이하인 특고압 가공전선과 가공 약전류 전선 등을 동일 지지물에 시설하는 경우, **특고압 가공전선은 케이블인 경우 이외에는 인장강도 21.67[kN] 이상의 연선 또는 단면적이 50[mm²] 이상인 경동연선일 것**
【답】①

61 사용전압이 22.9[kV]인 가공전선과 지지물 사이의 이격거리는 몇 [m] 이상이어야 하는가?

① 0.2　　② 0.15　　③ 0.65　　④ 1.3

해설　(KEC 333.5조) 특고압 가공전선과 지지물 등의 이격거리
특고압 가공전선과 그 지지물·완금류·지지기둥 또는 지지선 사이의 이격거리는 표에서 정한 값 이상이어야 한다. 다만, 기술상 부득이한 경우에 위험의 우려가 없도록 시설한 때에는 표에서 정한 값의 0.8배까지 감할 수 있다.

사용전압	이격거리[m]
15[kV] 미만	0.15
15[kV] 이상　25[kV] 미만	**0.2**
25[kV] 이상　35[kV] 미만	0.25
35[kV] 이상　50[kV] 미만	0.3
…	…

【답】①

62 ★★★★★
특고압 가공 전선로 중 지지물로서 직선형 철탑을 연속하여 10기 이상 사용하는 부분에서 내장 애자 장치를 갖는 철탑은 몇 기 이하마다 시설해야 하는가?

① 20　　② 15　　③ 10　　④ 5

해설　(KEC 333.16조) 특고압 가공전선로의 내장형 등의 지지물 시설
특고압 가공전선로 중 지지물로서 직선형의 철탑을 연속하여 10기 이상 사용하는 부분에는 **10기 이하마다** 내장 애자 장치가 되어 있는 철탑 또는 이와 동등 이상의 강도를 가지는 철탑 1기를 시설하여야 한다.
【답】③

63 ★★★★★
특고압 가공전선로에서 전선로 중 3°를 초과하는 수평각도를 이루는 곳에 사용하는 철탑의 종류는?

① 직선형　　② 보강형　　③ 잡아당김형　　④ 각도형

해설 (KEC 333.1조) 특고압 가공전선로의 철주·철근 콘크리트주 또는 철탑의 종류
- 각도형 : 전선로 중 3°를 넘는 수평 각도를 이루는 곳에 사용하는 것
- 잡아당김형 : 전 가섭선을 잡아당기는 곳에 사용하는 것
- 내장형 : 전선로의 지지물 양쪽의 경간의 차가 큰 곳에 사용하는 것
- 보강형 : 전선로의 직선 부분에 그 보강을 위하여 사용하는 것 【답】 ④

64 특고압 가공 전선로를 시가지에서 A종 철주를 사용하여 시설하는 경우 경간의 최대는 몇 [m]인가?
① 50 ② 75
③ 150 ④ 200

해설 (KEC 333.1조) 시가지 등에서 특고압 가공전선로의 시설

지지물의 종류	경간
A종 철주 또는 A종 철근 콘크리트주	75[m]

【답】②

65 시가지에 시설하는 154[kV] 가공 전선로에는 전선로에 지기가 생긴 경우 몇 초 안에 자동적으로 이를 전선로로부터 차단하는 장치를 시설하는가?
① 1 ② 2
③ 3 ④ 5

해설 (KEC 333.1조) 시가지 등에서 특고압 가공전선로의 시설
사용전압이 100[kV]를 초과하는 특고압 가공전선에 지락 또는 단락이 생겼을 때에는 1초 이내에 자동적으로 이를 전로로부터 차단하는 장치를 시설할 것 【답】①

66 100[kV] 특고압 가공전선로를 경동연선으로 시가지에 시설하는 경우, 애자장치는 50[%]의 충격 불꽃 방전 전압 값이 그 전선의 다른 부분을 지지하는 애자장치 값의 몇 [%] 이상이어야 하는가?
① 90 ② 100
③ 110 ④ 120

해설 (KEC 333.1조) 시가지 등에서 특고압 가공전선로의 시설
사용전압이 170[kV] 이하인 경우 애자장치는 50[%]의 충격 불꽃 방전 전압 값이 그 전선의 다른 부분을 지지하는 애자장치 값의 110[%] 이상이어야 한다. 【답】③

67 시가지에 시설하는 특고압 가공 전선로용 지지물로 사용해서는 안 되는 것은?
① 철주 ② 철탑
③ 목주 ④ 철근 콘크리트주

해설 (KEC 333.1조) 시가지 등에서 특고압 가공전선로의 시설
지지물에는 철주·철근 콘크리트주 또는 철탑을 사용할 것 【답】③

68 사용전압 154[kV]의 가공 전선을 시가지에 시설하는 경우에 케이블인 경우를 제외하고 전선의 지표상의 최소 높이는 얼마인가?
① 7.44[m] ② 7.80[m]
③ 9.44[m] ④ 11.44[m]

해설 (KEC 333.1조) 시가지 등에서 특고압 가공전선로의 시설

사용전압의 구분	지표상의 높이
35[kV] 이하	10[m](전선이 특고압 절연전선인 경우에는 8[m])
35[kV] 초과	10[m]에 35[kV]를 초과하는 10[kV] 또는 그 단수마다 0.12[m]를 더한 값

여기서, 단수 15.4 - 3.5 = 11.9이므로 12단
이격거리는 10 + 12 × 0.12 = 11.44[m]   【답】④

69 22.9[kV]의 특고압 가공 절연전선로를 시가지에 시설할 경우 지표상의 최저 높이는 몇 [m]이어야 하는가?

① 4 ② 5
③ 6 ④ 8

해설 (KEC 333.1조) 시가지 등에서 특고압 가공전선로의 시설

사용전압의 구분	지표상의 높이
35[kV] 이하	10[m](전선이 특고압 절연전선인 경우에는 8[m])

【답】④

70 ★★★★★ 154[kV] 가공 전선을 시가지에 시설할 경우의 경동연선의 최소 단면적[mm²]은?

① 22 ② 38
③ 55 ④ 150

해설 (KEC 333.1조) 시가지 등에서 특고압 가공전선로의 시설

사용전압의 구분	전선의 단면적
100[kV] 이상	인장강도 58.84[kN] 이상의 연선 또는 단면적 150[mm²] 이상의 경동연선

【답】④

71 사용전압이 22.9[kV] 인 특고압 가공전선로를 시가지에 경동연선으로 시설할 경우 단면적은 몇 [mm²] 이상인가?

① 55 ② 100
③ 150 ④ 200

해설 (KEC 333.1조) 시가지 등에서 특고압 가공 전선로의 시설

사용전압의 구분	전선의 단면적
100[kV] 미만	인장강도 21.67[kN] 이상의 연선 또는 단면적 55[mm²] 이상의 경동연선

【답】①

72 ★★★★★ 사용전압이 170[kV]를 초과하는 특고압 가공전선로를 시가지에 시설하는 경우, 전선의 단면적은 몇 [mm²] 이상의 강심알루미늄선을 사용하여야 하는가?

① 22 ② 55
③ 150 ④ 240

해설 (KEC 333.1조) 시가지 등에서 특고압 가공전선로의 시설
사용전압이 170[kV] 초과하는 전선로를 시설하는 경우, 전선은 단면적 240[mm²] 이상의 강심알루미늄선 또는 이와 동등 이상의 인장강도 및 내(耐)아크 성능을 가지는 연선(撚線)을 사용할 것   【답】④

73

15[kV] 초과 25[kV] 이하인 특고압 가공 전선로의 시설에 있어서 중성선을 다중 접지하는 경우 각 접지점 상호의 거리[m]는 얼마 이하로 되어야 하는가?

① 100
② 150
③ 250
④ 300

해설 (KEC 333.32조) 25[kV] 이하인 특고압 가공전선로의 시설
사용전압이 15[kV]를 초과하고 25[kV] 이하인 특고압 가공전선로의 중성선의 다중 접지에서, 접지 공사는 각각 접지한 곳 상호 간의 거리는 전선로에 따라 150[m] 이하일 것
【답】②

74

3상 4선식 22.9[kV] 중성선 다중 접지 방식의 가공 전선로에 있어서 그 중성선은 어느 전선의 규정에 준하여 시설하여야 하는가?

① 저압 가공 전선
② 고압 가공 전선
③ 15,000[V] 이하인 특고압 가공 전선
④ 25,000[V] 이하인 특고압 가공 전선

해설 (KEC 333.32조) 25[kV] 이하인 특고압 가공전선로의 시설
특고압 가공전선로의 다중 접지를 한 중성선은 저압 가공전선의 규정에 준하여 시설할 것. 또한, 다중 접지한 중성선은 저압 전로의 접지 측 전선이나 중성선과 공용할 수 있다.
【답】①

75

★★★★★
22.9[kV] 배전선로 중성선 다중 접지 계통에서 1[km]마다 중성선과 대지 간 합성 전기의 최대 저항값 [Ω]은?

① 5
② 10
③ 15
④ 30

해설 (KEC 333.32조) 25[kV] 이하인 특고압 가공전선로의 시설
각 접지도체를 중성선으로부터 분리하였을 경우의 각 접지점의 대지 전기저항 값과 1[km]마다의 중성선과 대지 사이의 합성 전기저항 값은 표에서 정한 값 이하일 것

	각 접지점의 대지 전기저항 값	1[km]마다의 합성 전기저항 값
15[kV] 이하	300[Ω]	30[Ω]
15[kV] 초과 25[kV] 이하	300[Ω]	15[Ω]

【답】③

76

중성점을 다중 접지한 22.9[kV] 3상 4선식 가공 전선로를 건조물의 위쪽에서 접근 상태로 시설하는 경우, 가공 전선과 건조물과의 최소 이격거리는 얼마인가?

① 1.2[m]
② 2.0[m]
③ 2.5[m]
④ 3.0[m]

해설 (KEC 333.32조) 25[kV] 이하인 특고압 가공전선로의 시설
사용전압이 15[kV]를 초과하고 25[kV] 이하인 특고압 가공전선로가 건조물과 접근하는 경우에 특고압 가공전선과 건조물의 조영재 사이의 이격거리

건조물의 조영재	접근 형태	전선의 종류	이격거리
상부 조영재	위쪽	나전선	3[m]
		특고압 절연전선	2.5[m]
		케이블	1.2[m]
	옆쪽 또는 아래쪽	나전선	1.5[m]
		특고압 절연전선	1.0[m]
		케이블	0.5[m]

【답】④

77 지중 전선로의 전선으로 사용되는 것은?
① 600[V] 불소 수지 절연전선
② 다심형 전선
③ 인하용 절연전선
④ 케이블

해설 (KEC 334.1조) 지중 전선로의 시설
전선은 케이블을 사용하고, 또한, 관로식·암거식 또는 직접 매설식에 의하여 시공한다. 【답】 ④

78 지중전선로의 시설방법이 아닌 것은?
① 암거식
② 압착식
③ 관로식
④ 직접 매설식

해설 (KEC 334.1조) 지중 전선로의 시설
지중전선로는 전선에 케이블을 사용하고 **직접 매설식, 관로식, 암거식**에 의하여 시설하여야 한다. 【답】 ②

79 고압 지중 케이블로서 직접 매설식에 의하여 콘크리트제 기타 견고한 관 또는 트라프에 넣지 않고 부설할 수 있는 케이블은?
① 매설 외장 케이블
② 콤바인 덕트 케이블
③ 클로로프렌 외장 케이블
④ 고무 외장 케이블

해설 (KEC 334.1조) 지중전선로의 시설
지중전선로를 직접 매설식에 의하여 시설하는 경우 지중전선을 견고한 트라프 기타 방호물에 넣어 시설하여야 한다. 다만, 다음 각 호의 어느 하나에 해당하는 경우에는 지중전선을 견고한 트라프 기타 방호물에 넣지 아니하여도 된다.
① 저압 또는 고압의 지중전선을 차량 기타 중량물의 압력을 받을 우려가 없는 경우에 그 위를 견고한 판 또는 몰드로 덮어 시설하는 경우
② **저압 또는 고압의 지중전선에 콤바인 덕트 케이블을 사용하여 시설하는 경우**
③ 지중전선에 파이프형 압력 케이블을 사용하고 또한 지중전선의 위를 견고한 판 또는 몰드 등으로 덮어 시설하는 경우
【답】 ②

80 지중전선로를 직접 매설식에 의하여 차량 기타 중량물의 압력을 받을 우려가 있는 장소에 시설할 경우에는 매설 깊이는 최소 몇 [m]이상인가?
① 1.0
② 1.2
③ 1.5
④ 1.8

해설 (KEC 334.1조) 지중전선로의 시설
지중 전선로를 직접 매설식에 의하여 시설하는 경우에는 매설 깊이를 차량 기타 **중량물의 압력을 받을 우려가 있는 장소**에는 1[m] 이상, 기타 장소에는 0.6[m] 이상 【답】 ①

81 폭발성 또는 연소성의 가스가 침입할 우려가 있는 것에 시설하는 지중전선로의 지중함으로서 그 크기가 몇 [㎥] 이상일 때 가스를 방산시키기 위한 장치를 시설하여야 하는가?
① 1.5
② 0.9
③ 1.0
④ 2.0

해설 (KEC 334.2조) 지중함의 시설
폭발성 또는 연소성의 가스가 침입할 우려가 있는 것에 시설하는 **지중함으로서 그 크기가 1[㎥] 이상**인 것에는 통풍장치 기타 가스를 방산시키기 위한 적당한 장치를 시설할 것 【답】 ③

82 지중 전선로에 사용하는 지중함의 시설 기준으로 옳지 않은 것은?
① 견고하고 차량 기타 중량물의 압력에 견딜 수 있을 것
② 그 안의 고인물을 제거할 수 있는 구조일 것
③ 뚜껑은 시설자 이외의 자가 쉽게 열 수 없도록 할 것
④ 조명 및 세척이 가능한 장치를 하도록 할 것

해설 (KEC 334.2조) 지중함의 시설
① 지중함은 견고하고 차량 기타 중량물의 압력에 견디는 구조일 것
② 지중함은 그 안의 고인 물을 제거할 수 있는 구조로 되어 있을 것
③ 폭발성 또는 연소성의 가스가 침입할 우려가 있는 것에 시설하는 지중함으로서 그 크기가 1[m³] 이상인 것에는 통풍장치 기타 가스를 방산시키기 위한 적당한 장치를 시설할 것
④ 지중함의 뚜껑은 시설자 이외의 자가 쉽게 열 수 없도록 시설할 것 【답】④

83 사용전압이 300[V]인 지중전선이 지중약전류 전선과 접근 또는 교차할 때 상호간에 내화성 격벽을 설치한다면 그 간격은 몇 [m] 이하인 경우인가?
① 0.3   ② 0.5
③ 0.6   ④ 1.0

해설 (KEC 232.3.7조) 배선설비와 다른 공급설비와의 접근
지중 전선이 지중 약전류전선 등과 접근하거나 교차하는 경우에 상호 간의 간격이 저압 지중 전선은 0.3[m] 이하인 때에는 지중 전선과 지중 약전류전선 등 사이에 견고한 내화성의 격벽을 설치하거나 지중 전선을 견고한 불연성 또는 난연성의 관에 넣어 그 관이 지중 약전류전선 등과 직접 접촉하지 아니하도록 하여야 한다. 【답】①

84 특고압 지중전선과 고압 지중전선이 서로 교차할 때의 최소 이격거리[m]는?
① 0.3   ② 0.6
③ 1.0   ④ 1.2

해설 (KEC 334.7조) 지중전선 상호 간의 접근 또는 교차
지중전선이 다른 지중전선과 접근하거나 교차하는 경우에 지중함 내 이외의 곳에서 상호 간의 거리가 저압 지중전선과 고압 지중전선에 있어서는 0.5[m] 이하, 저압이나 고압의 지중전선과 특고압 지중전선에 있어서는 0.3[m] 이하에 한하여 시설할 수 있다. 【답】①

85 특고압 지중전선이 유독성의 유체를 내포하는 관과 접근하거나 교차하는 경우에 상호 간에 견고한 내화성 격벽을 설치하지 않으면 안 되는 최소 이격거리는?
① 0.3[m]   ② 0.6[m]
③ 0.8[m]   ④ 1[m]

해설 (KEC 334.6조) 지중전선과 지중 약전류 전선 등 또는 관과의 접근 또는 교차
특고압 지중전선이 가연성이나 유독성의 유체(流體)를 내포하는 관과 접근하거나 교차하는 경우에 상호 간의 이격거리가 1[m] 이하(단, 사용전압이 25[kV] 이하인 다중 접지방식 지중 전선로인 경우에는 0.5[m] 이하) 【답】④

86 저압 가공 인입선의 전선으로 사용해서는 아니 되는 것은?
① 나전선   ② 절연전선
③ 다심형 전선   ④ 케이블

해설 (KEC 221.1.1조) 저압 인입선의 시설
전선은 절연전선, 다심형 전선 또는 케이블일 것 【답】①

87 저압 가공인입선의 시설에 대한 설명으로 틀린 것은?

① 전선은 절연전선, 다심형 전선 또는 케이블일 것
② 전선은 지름 1.6[mm]의 경동선 또는 이와 동등 이상의 세기 및 굵기일 것
③ 전선의 높이는 철도 및 궤도를 횡단하는 경우에는 레일면상 6.5[m] 이상일 것
④ 전선의 높이는 횡단보도교의 위에 시설하는 경우에는 노면상 3[m] 이상일 것

해설 (KEC 221.1.1조) 저압 인입선의 시설
① 전선이 케이블인 경우 이외에는 인장강도 2.30[kN] 이상의 것 또는 지름 2.6[mm] 이상의 인입용 비닐 절연전선일 것
  다만, 경간이 15[m] 이하인 경우는 인장강도 1.25[kN] 이상의 것 또는 지름 2[mm] 이상의 인입용 비닐 절연전선일 것
② 전선은 절연전선, 다심형 전선 또는 케이블일 것
③ 전선의 높이는 다음에 의할 것
  – 도로를 횡단하는 경우에는 노면상 5[m](교통에 지장이 없을 때에는 3[m]) 이상
  – 철도 또는 궤도를 횡단하는 경우에는 레일면상 6.5[m] 이상
  – 횡단보도교의 위에 시설하는 경우에는 노면상 3[m] 이상
  – 위의 경우 이외에는 지표상 4[m](기술상 부득이한 경우에 교통에 지장이 없을 때에는 2.5[m]) 이상 【답】②

88 ★★★★★ 저압 인입선의 시설에서 도로 횡단 시 지표상 높이는 몇 [m] 이상이어야 하는가?

① 6   ② 5
③ 4   ④ 3

해설 (KEC 221.1.1조) 저압 인입선의 시설
전선의 높이는 다음에 의할 것
① **도로를 횡단하는 경우에는 노면상 5[m]**(교통에 지장이 없을 때에는 3[m]) 이상
② 철도 또는 궤도를 횡단하는 경우에는 레일면상 6.5[m] 이상
③ 횡단보도교의 위에 시설하는 경우에는 노면상 3[m] 이상
④ 위의 경우 이외에는 지표상 4[m](기술상 부득이한 경우에 교통에 지장이 없을 때에는 2.5[m]) 이상 【답】②

89 고압 가공인입선 등의 시설 기준에 맞지 않는 것은?

① 고압 가공인입선 아래에 위험 표시를 하고 지표상 3.5[m] 높이에 설치하였다.
② 전선은 5.0[mm] 경동선과 동등한 세기의 고압 절연전선을 사용하였다.
③ 애자공사로 시설하였다.
④ 15[m] 떨어진 다른 수용가에 고압 이웃연결인입선을 시설하였다.

해설 (KEC 331.12.1조) 고압 가공인입선 등의 시설
고압 가공인입선의 전선에는 인장강도 8.01[kN] 이상의 고압 절연전선, 특고압 절연전선 또는 지름 5[mm] 이상의 경동선의 고압 절연전선, 특고압 절연전선 또는 인하용 절연전선을 애자공사에 의하여 시설하거나 케이블을 시설하여야 한다.
① 고압 가공인입선의 높이는 지표상 3.5[m]까지로 감할 수 있다(이 경우에 그 고압 가공인입선은 전선의 아래쪽에 위험 표시를 하여야 한다).
② **고압 이웃연결인입선은 시설하여서는 아니 된다.** 【답】④

90 고압 가공인입선은 그 아래에 위험 표시를 하였을 경우에는 전선의 지표상 높이 [m]를 얼마까지 낮출 수 있는가?

① 5.5   ② 4.5
③ 3.5   ④ 2.5

해설 (KEC 331.12.1조) 고압 가공인입선 등의 시설
고압 가공인입선의 높이는 지표상 3.5[m]까지로 감할 수 있다(이 경우에 그 고압 가공 인입선은 전선의 아래쪽에 위험 표시를 하여야 한다). 【답】③

91 다음 저압 이웃연결 인입선의 시설 규정 중 틀린 것은?

① 경간이 20[m]인 곳에 직경 2.0[mm] DV 전선을 사용하였다.
② 인입선에서 분기하는 점으로부터 100[m]를 넘지 않았다.
③ 폭 4.5[m]의 도로를 횡단하였다.
④ 옥내를 통과하지 않도록 했다.

해설 (KEC 221.1.2조) 저압 이웃연결 인입선
① 인입선에서 분기하는 점으로부터 100[m]를 초과하는 지역에 미치지 아니할 것
② 폭 5[m]를 초과하는 도로를 횡단하지 아니할 것
③ 옥내를 통과하지 아니할 것
④ 전선은 인장강도 2.30[kN] 이상의 것 또는 2.6[mm] 이상의 인입용 비닐 절연전선일 것. 다만, 경간이 15[m] 이하인 경우에는 1.25[kN] 이상의 것 또는 2.0[mm] 이상의 인입용 비닐 절연전선일 것
【답】①

92 저압 옥상전선로 전선은 조영재에 견고하게 붙인 지지기둥 또는 지지대에 절연성 난연성 및 내수성이 있는 애자를 사용하여 지지하고 또한 그 지지점 간의 거리는 몇 [m] 이하로 시설하여야 하는가? 단, 전개된 장소에 위험의 우려가 없도록 시설한 경우이다.

① 3
② 10
③ 5
④ 15

해설 (KEC 221.3조) 저압 옥상 전선로
전선은 조영재에 견고하게 붙인 지지기둥 또는 지지대에 절연성·난연성 및 내수성이 있는 애자를 사용하여 지지하고 또한 그 지지점간의 거리는 15[m] 이하일 것
【답】④

93 저압 옥상전선로의 시설에 대한 설명으로 틀린 것은?

① 전선은 절연 전선을 사용하였다.
② 전선은 지름 2.6[mm] 이상의 경동선을 사용하였다.
③ 전선과 옥상전선로를 시설하는 조영재와의 이격거리를 0.5[m]로 한다.
④ 전선은 상시 부는 바람 등에 의하여 식물에 접촉하지 않도록 시설한다.

해설 (KEC 221.3조) 옥상 전선로
① 전선은 인장강도 2.30[kN] 이상의 것 또는 지름 2.6[mm] 이상의 경동선의 것
② 전선은 절연전선일 것
③ 전선은 조영재에 견고하게 붙인 지지기둥 또는 지지대에 절연성·난연성 및 내수성이 있는 애자를 사용하여 지지하고 또한 그 지지점 간의 거리는 15[m] 이하일 것
④ **전선과 그 저압 옥상 전선로를 시설하는 조영재와의 이격거리는 2[m]**(전선이 고압절연전선, 특고압 절연전선 또는 케이블인 경우에는 1[m]) 이상일 것
⑤ 저압 옥상전선로의 전선은 상시 부는 바람 등에 의하여 식물에 접촉하지 아니하도록 시설하여야 한다.
【답】③

94 저압 옥측전선로에서 목조의 조영물에 시설할 수 있는 공사방법은?

① 금속관공사
② 버스덕트공사
③ 합성수지관공사
④ 케이블공사(연피 케이블을 사용하는 경우)

해설 (KEC 221.2조) 옥측전선로 – 저압 옥측전선로
① 애자공사(전개된 장소에 한한다)
② 합성수지관 공사
③ 금속관 공사(**목조 이외의 조영물**에 시설하는 경우에 한한다.)
④ 버스덕트 공사[**목조 이외의 조영물**(점검할 수 없는 은폐된 장소를 제외)에 시설하는 경우에 한한다]
⑤ 케이블 공사(**연피 케이블**·알루미늄 피 케이블 또는 미네럴인슈레이션 케이블을 사용하는 경우에는 **목조 이외의 조영물**에 시설하는 경우에 한한다)
【답】③

95 터널 안 전선로의 시설방법으로 옳은 것은?
① 저압전선은 지름 2.6[mm]의 경동선의 절연전선을 사용하였다.
② 고압전선은 절연전선을 사용하여 합성수지관공사로 하였다.
③ 저압전선을 애자공사에 의하여 시설하고 이를 레일면상 또는 노면상 2.2[m]의 높이로 시설하였다.
④ 고압전선을 금속관공사에 의하여 시설하고 이를 레일면상 또는 노면상 2.4[m]의 높이로 시설하였다.

해설 (KEC 335.1조) 터널 안 전선로의 시설
① 저압전선 – 지름 2.6[mm] 경동선 이상, 애자공사에 의해 시설할 때 레일면상 또는 노면상 2.5[m] 이상의 높이, 합성수지관공사, 금속관공사, 가요전선관공사, 케이블공사에 의해 시설
② 고압전선 – 지름 4[mm] 경동선 이상, 애자공사 시 레일면상 또는 노면상 3[m] 이상의 높이, 케이블공사에 의한 시설
【답】①

96 다음 중 저압 수상전선로에 사용되는 전선은?
① 600[V] 비닐 절연전선
② 옥외 비닐 케이블
③ 600[V] 고무 절연전선
④ 클로로프렌 캡타이어 케이블

해설 (KEC 335.3조) 수상전선로의 시설
전선은 전선로의 **사용전압이 저압인 경우에는 클로로프렌 캡타이어 케이블이어야** 하며, 고압인 경우에는 캡타이어 케이블일 것
【답】④

97 저압전선로를 다리의 윗면에 시설하는 경우 전선의 높이를 다리의 노면상 몇 [m] 이상으로 하여 시설하는가?
① 6.5
② 3
③ 4
④ 5

해설 (KEC 335.6조) 교량에 시설하는 전선로
교량에 시설하는 저압 전선로는 **교량의 윗면에 시설하는 경우 전선의 높이는 교량의 노면상 5[m] 이상**
【답】④

98 임시 전선로의 시설에서 저압 방호구에 넣은 절연전선 등을 사용하는 저압 가공전선과 건조물의 상부 조영재 사이의 간격은 접근형태가 위쪽일 때 몇 [m]까지 감할 수 있는가?
① 0.3
② 0.4
③ 1
④ 2

해설 (KEC 335.10조) 임시전선로의 시설
저압 방호구에 넣은 절연전선 등을 사용하는 저압 가공전선 또는 고압 방호구에 넣은 고압 절연전선 등을 사용하는 고압 가공전선과 조영물의 조영재 사이의 간격은 아래 표의 값까지 감할 수 있다.

조영물 조영재의 구분		접근형태	간격[m]
건조물	상부 조영재	위쪽	1
		옆쪽 또는 아래쪽	0.4
	상부 이외의 조영재		0.4

【답】③

CHAPTER 04 전력보안통신설비

전력 보안 통신용 전화 설비의 시설 · 전력 보안통신선 · 가공전선과 첨가 통신선과의 이격거리 · 전력선 반송 통신용 결합 장치의 보안 장치

1. 전력보안통신설비의 시설(KEC 362조)

(1) 전력보안통신설비의 시설 요구 사항

① 송전선로
   가. 66[kV], 154[kV], 345[kV], 765[kV] 계통 송전선로 구간(가공, 지중, 해저) 및 안전상 특히 필요한 경우에 전선로의 적당한 곳
   나. 고압 및 특고압 지중전선로가 시설되어 있는 전력구내에서 안전상 특히 필요한 경우의 적당한 곳
   다. 직류 계통 송전선로 구간 및 안전상 특히 필요한 경우의 적당한 곳
   라. 송변전자동화 등 지능형전력망 구현을 위해 필요한 구간

② 배전선로
   가. 22.9[kV] 계통 배전선로 구간(가공, 지중, 해저)
   나. 22.9[kV] 계통에 연결되는 분산전원형 발전소
   다. 폐회로 배전 등 신 배전방식 도입 개소
   라. 배전자동화, 원격검침, 부하감시 등 지능형전력망 구현을 위해 필요한 구간

③ 발전소, 변전소 및 변환소
   가. 원격감시 제어가 되지 아니하는 발전소 · 원격 감시제어가 되지 아니하는 변전소 · 발전제어소 · 변전제어소 · 개폐소 및 전선로의 기술원 주재소와 이를 운용하는 급전소간
   나. 2개 이상의 급전소(분소) 상호 간과 이들을 통합 운용하는 급전소(분소) 간
   다. 수력설비 중 필요한 곳, 수력 설비의 안전상 필요한 양수소(量水所) 및 강수량 관측소와 수력발전소 간
   라. 동일 수계에 속하고 안전상 긴급 연락의 필요가 있는 수력발전소 상호 간
   마. 동일 전력계통에 속하고 또한 안전상 긴급연락의 필요가 있는 발전소 · 변전소 및 개폐소 상호 간
   바. 발전소 · 변전소 및 개폐소와 기술원 주재소간
   사. 발전소 · 변전소 · 개폐소 · 급전소 및 기술원 주재소와 전기설비의 안전상 긴급 연락의 필요가 있는 기상대 · 측후소 · 소방서 및 방사선 감시계측 시설물 등의 사이

④ 배전자동화 주장치가 시설되어 있는 배전센터, 전력수급조절을 총괄하는 중앙급전 사령실

⑤ 전력보안통신 데이터를 중계하거나, 교환장치가 설치된 정보통신실

2. 전력보안통신선의 시설 높이와 이격거리(KEC 362.2조)

(1) 전력보안가공통신선의 높이

구분	가공통신선	가공전선로 지지물에 시설하는 통신선 및 이에 직접 접속하는 가공 통신선
도로(차도와 인도의 구별이 없는 도로) 위에 시설 시	지표상 5.0[m] 이상 (교통에 지장 우려 없는 경우 4.5[m] 이상)	
도로횡단 시		지표상 6.0[m] 이상 (저압이나 고압의 지지물에 시설+교통에 지장 우려 없는 경우 5[m] 이상)
철도 궤도 횡단 시		레일면상 6.5[m] 이상
횡단보도교 위	노면상 3.0[m] 이상	노면상 5.0[m] 이상 • 저압 또는 고압 3.5[m](통신선이 절연전선 3[m]) 이상 • 특고압+광섬유 케이블 4[m] 이상
기타	지표상 3.5[m] 이상	지표상 5[m] 이상

(2) 가공전선과 첨가 통신선과의 이격거리

① 저압, 특고압 다중 접지를 한 중성선 사이 : 0.6[m] 이상
  • 절연전선, 케이블 : 0.3[m] 이상
  • 저압 인입선이고 통신선이 첨가 통신용 제2종 케이블, 광섬유 케이블 : 0.15[m]

② 고압 : 0.6[m] 이상
  • 케이블이고 통신선이 절연전선과 동등 이상 : 0.3[m] 이상

③ 특고압 : 1.2[m] 이상
  • 케이블이고 통신선이 절연전선과 동등 이상 : 0.3[m] 이상
  • 25[kV] 이하인 다중접지 특고압 : 0.75[m]

3. 조가선 시설(KEC 362.3조)

(1) 단면적 38[mm²] 이상의 아연도강연선일 것

(2) 조가선의 시설높이 : 전력보안통신선 높이와 동일

(3) 조가선 시설방향

① 특고압주 : 특고압 중성도체와 같은 방향
② 저압주 : 저압선과 같은 방향

(4) 조가선의 시설

① 설비 안전을 위하여 전주와 전주 경간 중에 접속하지 말 것
② 부식되지 않는 별도의 금구를 사용하고 조가선 끝단은 날카롭지 않게 할 것

③ 말단 배전주와 말단 1경간 전에 있는 배전주에 시설하는 조가선은 장력에 견디는 형태로 시설할 것

④ 조가선은 2조까지만 시설할 것

⑤ +자형 공중교차는 불가피한 경우에 한하여 제한적으로 시공 할 수 있다. 다만, T자형 공중 교차 시공은 할 수 없다.

(5) 조가선 간의 간격 : 조가선 2개가 시설될 경우에 간격은 0.3[m]를 유지

4. 전력유도의 방지(KEC 362.4조)

전력보안통신설비는 가공전선로로부터의 정전유도작용 또는 전자유도작용에 의하여 사람에게 위험을 줄 우려가 없도록 시설

5. 특고압 가공전선로 첨가설치 통신선의 시가지 인입 제한(KEC 362.5조)

(1) 특고압 가공전선로의 지지물에 첨가하는 통신선 또는 이에 직접 접속하는 통신선은 시가지에 시설하는 통신선에 접속 불가
(2) 시가지에 시설하는 통신선은 특고압 가공전선로의 지지물에 시설 금지(단, 통신선이 절연전선과 동등 이상의 절연효력이 있고 인장강도 5.26[kN] 이상의 것. 또는 연선의 경우 단면적 16[㎟](지름 4[mm]) 이상의 절연전선 또는 광섬유 케이블인 경우 사용 가능)

6. 전원공급기의 시설(KEC 362.9조)

(1) 전원공급기

① 지상에서 4[m] 이상

② 누전차단기 내장

③ 시설방향은 인도측으로 시설

④ 외함은 접지

(2) 기기주, 변대주 및 분기주 등 설비 복잡개소에는 전원공급기 시설 불가

7. 전력선 반송 통신용 결합장치의 보안장치(KEC 362.11조)

전력선 반송통신용 결합 커패시터에 접속하는 회로에는 보안장치 또는 이에 준하는 보안장치 시설

FD : 동축케이블
F : 정격전류 10[A] 이하의 포장 퓨즈
DR : 전류 용량 2[A] 이상의 배류 선륜
L1 : 교류 300[V] 이하에서 동작하는 피뢰기
L2 : 동작 전압이 교류 1,300[V]를 초과하고 1,600[V] 이하로 조정된 방전갭
L3 : 동작 전압이 교류 2[kV]를 초과하고 3[kV] 이하로 조정된 구상 방전갭
S : 접지용 개폐기
CF : 결합 필터
CC : 결합 커패시터(결합 안테나를 포함한다)

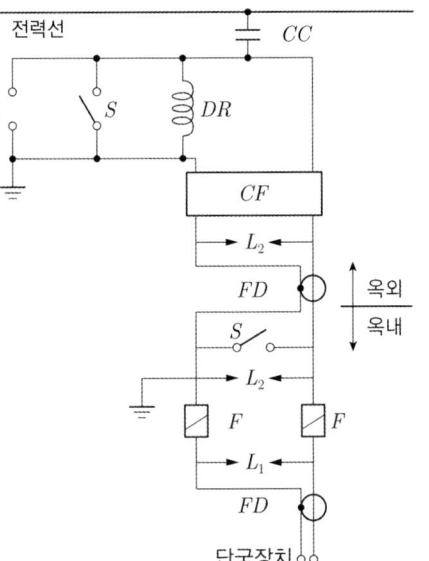

8. 지중통신선로 설비(KEC 363조)

지중 공가설비로 사용하는 광섬유 케이블 및 동축케이블은 지름 22[mm] 이하일 것

9. 무선용 안테나(KEC 364조)

(1) 무선용 안테나 등을 지지하는 철탑 등의 시설(KEC 364.1조)
전력 보안통신 설비인 무선통신용 안테나 또는 반사판을 지지하는 목주·철근·철근 콘크리트주 또는 철탑

① 목주의 풍압하중에 대한 안전율 : 1.5 이상

② 철주·철근 콘크리트주 또는 철탑의 기초의 안전율 : 1.5 이상

(2) 무선용 안테나 등의 시설 제한 (KEC 364.2조)
무선용 안테나 등은 전선로의 주위 상태를 감시하거나 배전자동화, 원격검침 등 지능형전력망을 목적으로 시설하는 것 이외에는 가공전선로의 지지물에 시설 불가

10. 통신설비의 식별(KEC 365조)

(1) 모든 통신기기에는 식별이 용이하도록 인식용 표찰을 부착하여야 한다.
(2) 통신사업자의 설비표시명판은 플라스틱 및 금속판 등 견고하고 가벼운 재질로 하고 글씨는 각인하거나 지워지지 않도록 제작된 것을 사용하여야 한다.
(3) 설비표시명판 시설기준(배전주에 시설)
   ① 직선주는 5개 전주 간격마다 시설할 것
   ② 분기주 및 잡아당기는 용도의 전주는 매 전주에 시설할 것

이론 요약

1. 전력보안 통신용 전화설비의 시설

① 2개 이상의 급전소 상호 간과 이들을 통합 운용하는 급전소 간

② 동일 수계에 속하고 안전상 긴급 연락의 필요가 있는 수력발전소 상호간

③ 원격감시 제어가 되지 아니하는 발전소 · 원격 감시제어가 되지 아니하는 변전소 · 발전제어소 · 변전제어소 · 개폐소 및 전선로의 기술원 주재소와 이를 운용하는 급전소간

④ 22.9[kV] 계통 배전선로 구간(가공, 지중, 해저), 22.9[kV] 계통에 연결되는 분산전원형 발전소 폐회로 배전 등 신 배전방식 도입 개소, 배전자동화, 원격검침, 부하감시 등 지능형전력망 구현을 위해 필요한 구간

2. 전력보안 가공통신설비의 높이

구분	가공통신선	가공전선로 지지물에 시설하는 통신선
도로(인도)에 시설 시	지표상 5.0[m] 이상 (교통에 지장 우려 없는 경우 4.5[m] 이상)	
도로횡단 시		지표상 6.0[m] 이상 (저압이나 고압의 지지물에 시설+교통에 지장 우려 없는 경우 5[m] 이상)
철도 궤도 횡단 시		레일면상 6.5[m] 이상
횡단보도교 위	노면상 3.0[m] 이상	노면상 5.0[m] 이상 • 저압 또는 고압 3.5[m](통신선이 절연전선 3[m]) 이상 • 특고압+광섬유 케이블 4[m] 이상
기타	지표상 3.5[m] 이상	지표상 5[m] 이상 • 횡단보도교 하부+절연전선 4[m] 이상 • 도로 이외 4[m] 이상 • 통신선이 광섬유 케이블 3.5[m] 이상

3. 이격거리

① 저압, 특고압 다중접지를 한 중성선 사이 : 0.6[m] 이상

• 절연전선, 케이블 : 0.3[m] 이상

• 저압 인입선, 통신선이 첨가 통신용 제2종 케이블, 광섬유 케이블 : 0.15[m]

② 고압 : 0.6[m] 이상

• 케이블, 통신선이 첨가 통신용 제1 · 2종 케이블 : 0.3[m] 이상

③ 특고압 : 1.2[m] 이상

• 케이블 : 0.3[m] 이상

• 25[kV] 이하인 특고압 다중접지 : 0.75[m]

4. 조가선 시설

① 단면적 38[mm²] 이상의 아연도강연선일 것

② 전주와 전주 경간 중에 접속하지 말 것

③ 2조까지만 시설할 것

5. 전력유도 방지

가공전선로로부터의 정전유도작용 또는 전자유도작용 방지

6. 첨가 통신선

시가지 인입 금지(연선의 경우 단면적 16[mm²](지름 4[mm]) 이상의 절연전선 또는 광섬유 케이블인 경우 사용 가능)

7. 전력선 반송통신용 결합 장치

① CC : 결합 커패시터(결합 안테나를 포함한다)

② S : 접지용 개폐기

③ DR : 전류 용량 2[A] 이상의 배류 선륜

8. 무선용 안테나 등 지지

목주, 철주, 철근 콘크리트주 또는 철탑의 기초의 안전율 : 1.5

9. 통신설비의 식별표시

① 모든 통신기기에는 식별이 용이하도록 인식용 표찰을 부착

② 배전주에 시설하는 통신설비의 설비표시명판

• 분기주 또는 잡아당기는 용도의 전주인 경우 매 전주에 시설

• 직선주인 경우 전주 5경간마다 시설

CHAPTER 04 필수 기출문제

꼭! 나오는 문제만 간추린

01 ★★★★★

배전선로에서의 전력보안통신설비 시설 장소로 틀린 것은?

① 폐회로 배전 등 신 배전방식 도입 개소
② 22.9[kV] 계통에 연결되는 분산전원형 발전소
③ 154[kV] 계통 배전선로 구간(가공, 지중, 해저)
④ 배전자동화, 원격검침, 부하감시 등 지능형전력망 구현을 위해 필요한 구간

해설 (KEC 362.1조) 전력보안통신설비의 시설
① 송전선로
 - 66[kV], 154[kV], 345[kV], 765[kV] 계통 송전선로 구간(가공, 지중, 해저) 및 안전상 특히 필요한 경우 전선로의 적당한 곳
 - 고압 및 특고압 지중전선로가 시설되어 있는 전력구내에서 안전상 특히 필요한 경우의 적당한 곳
 - 직류 계통 송전선로 구간 및 안전상 특히 필요한 경우의 적당한 곳
 - 송변전자동화 등 지능형전력망 구현을 위해 필요한 구간
② 배전선로
 - 22.9 kV계통 배전선로 구간(가공, 지중, 해저)
 - 22.9 kV계통에 연결되는 분산전원형 발전소
 - 폐회로 배전 등 신 배전방식 도입 개소
 - 배전자동화, 원격검침, 부하감시 등 지능형전력망 구현을 위해 필요한 구간

【답】③

02 전력보안 통신용 전화설비의 시설장소로 적합하지 않은 곳은?

① 수력설비의 안전상 필요한 양수소 및 강수량 관측소와 수력발전소 간
② 동일 수계에 속하고 안전상 긴급 연락의 필요가 있는 수력발전소 상호 간
③ 원격감시 제어가 되는 발전소·변전소, 전선로 및 이를 운용하는 급전소간
④ 2개 이상의 급전소 상호 간과 이들을 통합 운용하는 급전소 간

해설 (KEC 362조) 전력보안통신설비의 시설
다음 각 호에 열거하는 곳에는 전력 보안통신용 전화 설비를 시설하여야 한다.
① **원격감시 제어가 되지 아니하는 발전소·원격 감시제어가 되지 아니하는 변전소**
② 2개 이상의 급전소 상호 간과 이들을 통합 운용하는 급전소 간
③ 수력설비 중 필요한 곳, 수력 설비의 안전상 필요한 양수소(量水所) 및 강수량 관측소와 수력발전소 간
④ 동일 수계에 속하고 안전상 긴급 연락의 필요가 있는 수력발전소 상호 간
⑤ 동일 전력계통에 속하고 또한 안전상 긴급연락의 필요가 있는 발전소·변전소(이에 준하는 곳으로서 특고압의 전기를 변성하기 위한 곳을 포함한다)·발전제어소·변전제 어소 및 개폐소 상호 간

【답】③

03 전력 보안 가공통신선의 높이는 철도 또는 궤도를 횡단하는 경우에는 궤도면상 몇 [m] 이상으로 하여야 하는가?

① 5
② 5.5
③ 6
④ 6.5

해설 (KEC 362.2조) 전력보안통신선의 시설높이와 이격거리
전력 보안 가공통신선의 시설 높이

구분	지상고	비고
도로(차도와 인도의 구별이 없는 도로)에 시설 시	5.0[m] 이상	경간 중 지상고
교통에 지장을 줄 우려 없는 경우	4.5[m] 이상	
철도 궤도 횡단 시	**6.5[m] 이상**	**레일면상**
횡단보도교 위	3.0[m] 이상	그 노면상
기타	3.5[m] 이상	

【답】 ④

04 그림은 전력선 반송 통신용 결합 장치의 보안 장치이다. 여기에서 CC는 어떤 콘덴서인가?

① 전력용 콘덴서
② 정류용 콘덴서
③ 결합용 콘덴서
④ 축전용 콘덴서

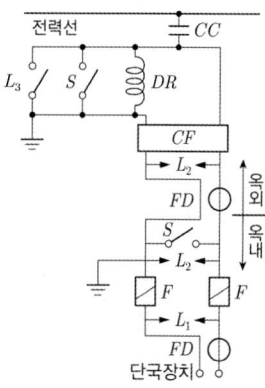

해설 (KEC 362.11조) 전력선 반송 통신용 결합장치의 보안장치
전력선 반송 통신용 결합 커패시터(고장점 표점 장치 기타 이와 유사한 보호 장치에 병용하는 것을 제외한다.)에 접속하는 회로에는 그림의 보안 장치 또는 이에 준하는 보안 장치를 시설하여야 한다.

FD : 동축 케이블
F : 정격 전류 10[A] 이하의 포장 퓨즈
DR : 전류 용량 2[A] 이상의 배류 선륜
L_1 : 교류 300[V] 이하에서 동작하는 피뢰기
L_2 : 동작 전압이 교류 1.3[kV]를 초과하고 1.6[kV] 이하로 조정된 방전갭
L_3 : 동작 전압이 교류 2[kV]를 초과하고 3[kV] 이하로 조정된 구상 방전갭
S : 접지용 개폐기
CF : 결합 필터
CC : **결합 커패시터(결합 안테나 포함)**

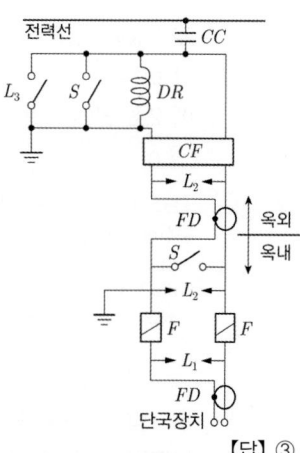

【답】 ③

05 다음 그림은 전력선 반송통신용 결합장치의 보안장치로 사용하는 기기의 정격에 대한 설명으로 틀린 것은?

① DR는 전류용량 5[A]이상의 배류선륜이다.
② L_1은 교류 300[V]이하에서 동작하는 피뢰기이다.
③ L_2는 동작전압이 교류 1.3[kV]를 초과하고 1.6[kV] 이하로 조정된 방전갭이다.
④ F 는 정격전류 10[A] 이하의 포장 퓨즈이다.

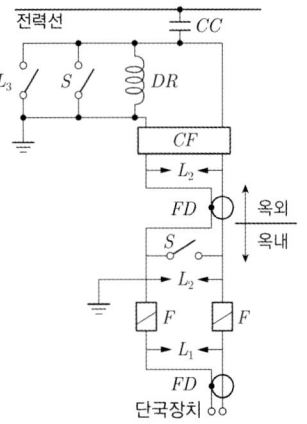

해설 (KEC 362.10조) 전력선 반송 통신용 결합장치의 보안장치

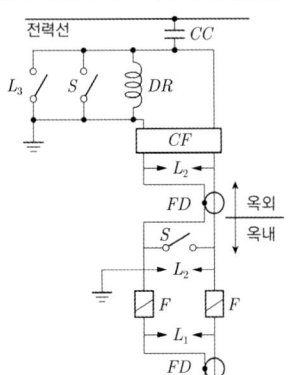

- FD : 동축케이블
- F : 정격전류 10[A] 이하의 포장 퓨즈
- **DR : 전류 용량 2[A] 이상의 배류 선륜**
- L_1 : 교류 300[V] 이하에서 동작하는 피뢰기
- L_2 : 동작 전압이 교류 1,300[V]를 초과하고 1,600[V] 이하로 조정된 방전갭
- L_3 : 동작 전압이 교류 2[kV]를 초과하고 3[kV] 이하로 조정된 구상 방전갭
- S : 접지용 개폐기
- CF : 결합 필터
- CC : 결합 커패시터(결합 안테나를 포함한다)

【답】①

06 22.9[kV] 가공 전선로의 다중 접지한 중성선과 보안 통신선과 최소 이격거리는 몇 [m] 이상 이어야 하는가? 단, 특별고압 가공 전선로는 중성선 다중 접지식의 것으로서 전로에 지기가 생긴 경우에 2초 안에 자동적으로 이를 전로로부터 차단하는 장치를 가지는 것임

① 0.6   ② 0.8   ③ 1.0   ④ 1.2

해설 (KEC 362.2.4조) 가공전선과 첨가 통신선과의 이격거리
통신선과 저압 가공전선 또는 특고압 가공전선로의 다중 접지를 한 중성선 사이의 이격거리는 0.6[m] 이상일 것. 다만, 저압 가공전선이 절연전선 또는 케이블인 경우에 통신선이 절연전선과 동등 이상의 절연 효력이 있는 것인 경우에는 0.3[m](저압 가공전선이 인입선이고 또한 통신선이 첨가 통신용 제2종 케이블 또는 광섬유 케이블일 경우에는 0.15[m]) 이상으로 할 수 있다.

【답】①

07 특고압용 제2종 보안 장치 또는 이에 준하는 보안 장치 등이 되어 있지 않은 25,000[V] 이하인 특고압 가공 전선로의 지지물에 시설하는 통신선 또는 이에 직접 접속하는 통신선으로 사용할 수 있는 것은?

① 캡타이어 케이블   ② 단면적 6[㎟] 이상의 절연전선
③ 광섬유 케이블   ④ CV-CN 케이블

| 해설 | (KEC 362.5조) 특고압 가공전선로 첨가설치 통신선의 시가지 인입 제한
특고압 가공전선로의 지지물에 시설하는 통신선 또는 이에 직접 접속하는 **통신선은 광섬유 케이블일 것**　　【답】③

08 고압 가공 전선로의 지지물에 시설하는 통신선 또는 이에 직접 접속하는 가공 통신선을 횡단보도교 위에 시설할 때 그 높이는 노면상 몇 [m] 이상으로 시설하여도 되는가? 단, 통신선은 첨가 통신용 제1종 케이블임

① 3
② 3.5
③ 4
④ 4.5

| 해설 | (KEC 362.2조) 전력보안통신선의 시설 높이와 이격거리
가공전선로의 지지물에 시설하는 통신선 또는 이에 직접 접속하는 가공 통신선의 높이는 다음 각 호에 따라야 한다.
① 도로 횡단 : 지표상 6[m] 이상
② 철도의 궤도 횡단 : 레일면상 6.5[m] 이상
③ 횡단보도교 위에 시설 : 그 노면상 5[m] 이상. 다만, 다음에 해당하는 경우에는 그러하지 아니하다.
  • 저압 또는 고압의 가공전선로의 지지물에 시설하는 통신선 또는 이에 직접 접속하는 가공통신선을 노면상 3.5[m](통신선이 절연전선과 동등 이상의 절연효력이 있는 것인 경우에는 3[m]) 이상으로 하는 경우
  • 특고압 전선로의 지지물에 시설하는 통신선 또는 이에 직접 접속하는 가공통신선으로서 광섬유 케이블을 사용하는 것을 그 노면상 4[m] 이상으로 하는 경우
④ 이외의 경우 : 지표상 5[m] 이상　　【답】①

09 ★★★★★
전력보안통신설비는 가공전선로로부터의 어떤 작용에 의하여 사람에게 위험을 줄 우려가 없도록 시설하여야 하는가?

① 정전유도작용 또는 전자유도작용
② 표피작용 또는 전자유도작용
③ 정전유도작용 또는 누설작용
④ 표피작용 또는 누설작용

| 해설 | (KEC 362.4조) 전력유도의 방지
전력보안통신설비는 가공전선로로부터의 **정전유도작용 또는 전자유도작용**에 의하여 사람에게 위험을 줄 우려가 없도록 시설　　【답】①

10 ★★★★★
전력보안통신선에 사용되는 조가선은 단면적 몇 [mm²] 이상의 아연도강연선을 사용하는가?

① 22[mm²]
② 38[mm²]
③ 50[mm²]
④ 75[mm²]

| 해설 | (KEC 362.3조) 조가선 시설
단면적 38[mm²] 이상의 아연도강연선일 것　　【답】②

11 전력보안통신선에 사용되는 조가선의 시설 기준으로 맞지 않는 것은?

① 단면적 38[mm²] 이상의 아연도강연선일 것
② 시설방향은 특고압주인 경우 특고압 중성도체과 같은 방향으로 시설할 것
③ 시설방향은 저압주인 경우 저압선과 같은 방향으로 시설할 것
④ 시설높이는 도로횡단 시 통신선 지상고가 5[m]이상이 되도록 시설할 것

| 해설 | (KEC 362.3조) 조가선 시설
(1) 단면적 38[mm²] 이상의 아연도강연선일 것
(2) 조가선의 시설높이 : 전력 보안 가공 통신선의 높이와 동일
(3) 조가선 시설방향
　① 특고압주 : 특고압 중성도체과 같은 방향
　② 저압주 : 저압선과 같은 방향　　【답】④

12 전력보안통신설비의 전원공급기 시설에 대한 설명으로 틀린 것은?

① 전원공급기의 시설방향은 인도측으로 시설하며 외함은 접지를 시행하여야 한다.
② 전원공급기는 지상에서 4[m] 이상 유지하여야 한다.
③ 전원공급기 시설 시 통신사업자는 기기 전면에 명판을 부착하여야 한다.
④ 기기주, 변압기 전주 및 분기주 등 설비 복잡개소에는 전원공급기를 시설하여야 한다.

해설 (KEC 362.9조) 전력보안통신설비의 전원공급기 시설
① 전원공급기는 다음에 따라 시설하여야 한다.
  - 지상에서 4[m] 이상 유지할 것
  - 누전차단기를 내장할 것
  - 시설방향은 인도측으로 시설하며 외함은 접지를 시행할 것
② **기기주, 변대주 및 분기주 등 설비 복잡개소에는 전원공급기를 시설할 수 없다.** 다만, 현장 여건상 부득이한 경우에는 예외적으로 전원공급기를 시설할 수 있다.
③ 전원공급기 시설시 통신사업자는 기기 전면에 명판을 부착하여야 한다. 【답】④

13 시가지에 시설하는 통신선이 단선인 경우 지름 몇 [mm] 이상의 절연전선인 경우 특고압 가공전선로의 지지물에 시설할 수 있는가?

① 2.6
② 4
③ 6
④ 16

해설 (KEC362.5조) 특고압 가공전선로 첨가설치 통신선의 시가지 인입 제한
시가지에 시설하는 통신선은 특고압 가공전선로의 지지물에 시설하여서는 아니 된다. 다만, 통신선이 절연전선과 동등 이상의 절연성능이 있고 인장강도 5.26[kN] 이상의 것, 또는 연선의 경우 단면적 16[mm²](**단선의 경우 지름 4[mm]**) 이상의 절연전선또는 광섬유 케이블인 경우에는 그러하지 아니하다. 【답】②

14 전력 보안 통신 설비인 무선통신용 안테나 또는 반사판을 지지하는 목주·철근·철근 콘크리트주 또는 철탑의 기초 안전율은 얼마 이상인가?

① 1.2
② 1.5
③ 2.2
④ 2.5

해설 (KEC 364.1조) 무선용 안테나 등을 지지하는 철탑 등의 시설
전력 보안 통신 설비인 무선통신용 안테나 또는 반사판을 지지하는 목주·철주·철근 콘크리트주 또는 철탑
① 목주의 풍압 하중에 대한 안전율은 1.5 이상이어야 한다.
② **철주·철근 콘크리트주 또는 철탑의 기초의 안전율은 1.5 이상**이어야 한다. 【답】②

15 지중통신선로설비와 통신선 시설에서 지중 공가설비로 사용하는 광섬유 케이블 및 동축케이블은 지름 몇 [mm]이하인가?

① 4
② 5
③ 16
④ 22

해설 (KEC 363.1조) 지중통신선로설비 통신선시설
지중 공가설비로 사용하는 광섬유 케이블 및 동축케이블은 지름 22[mm] 이하일 것 【답】④

CHAPTER 05 저압 전기설비

계통 접지 · 안전을 위한 보호 · 배선 설비 · 전기사용 장소의 저압 전기 설비

1. 계통 접지(KEC 203조)

(1) 저압전로의 보호도체 및 중성선의 접속 방식에 따른 분류
  ① TN 계통
  ② TT 계통
  ③ IT 계통

(2) 계통접지에서 사용되는 문자의 정의
  ① 제1문자 − 전원계통과 대지의 관계
    • T(terre) : 한 점을 대지에 직접 접속
    • I(Insulated) : 모든 충전부를 대지와 절연, 높은 임피던스를 통하여 한 점을 대지에 직접 접속
  ② 제2문자 − 전기설비의 노출도전부와 대지의 관계
    • T(terre) : 노출도전부를 대지로 직접 접속. 전원계통의 접지와는 무관
    • N(Neutral) : 노출도전부를 전원계통의 접지점(교류 계통에서는 통상적으로 중성점, 중성점이 없을 경우는 선도체)에 직접 접속
  ③ 제3문자 (문자가 있을 경우) − 중성선과 보호도체의 배치
    • S(seperated) : 중성선 또는 접지된 선도체 외에 별도의 도체에 의해 제공되는 보호 기능
    • C(combined) : 중성선과 보호 기능을 한 개의 도체로 겸용(PEN 도체)

(3) 각 계통에서 나타내는 그림의 기호

기호 설명
중성선(N), 중간도체(M)
보호도체(PE)
중성선과 보호도체겸용(PEN)

(4) TN 계통(KEC 203.2조)
  • 전원 측의 한 점을 직접접지하고 설비의 노출도전부를 보호도체로 접속시키는 방식
  • 중성선 및 보호도체(PE 도체)의 배치 및 접속방식에 따른 분류

① TN-S 계통 : 계통 전체에 대해 별도의 중성선 또는 PE 도체를 사용

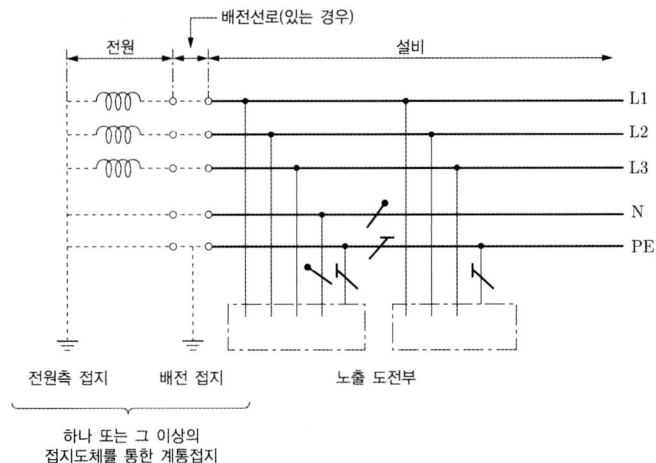

② TN-C 계통 : 계통 전체에 대해 중성선과 보호도체의 기능을 동일도체로 겸용한 PEN 도체를 사용

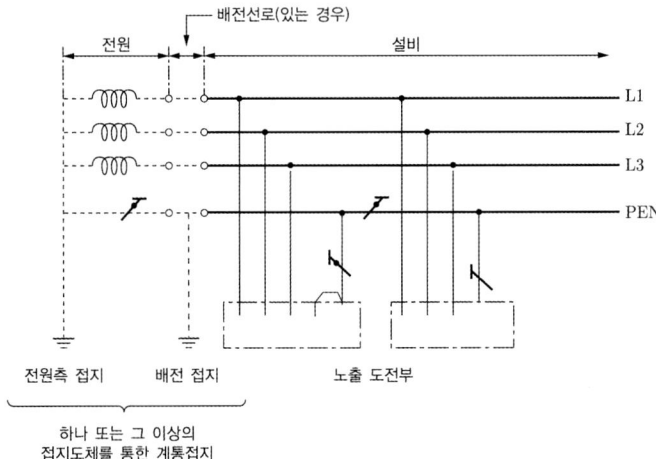

③ TN-C-S계통 : 계통의 일부분에서 PEN 도체를 사용, 중성선과 별도의 PE 도체를 사용

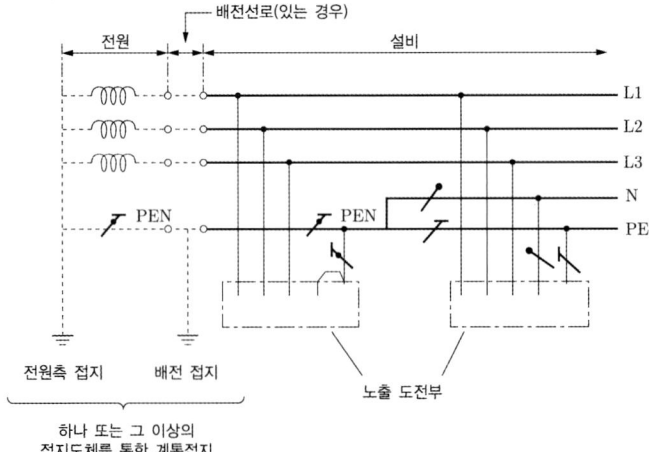

(5) TT 계통(KEC 203.3조)

전원의 한 점을 직접 접지하고 설비의 노출도전부는 전원의 접지전극과 전기적으로 독립적인 접지극에 접속

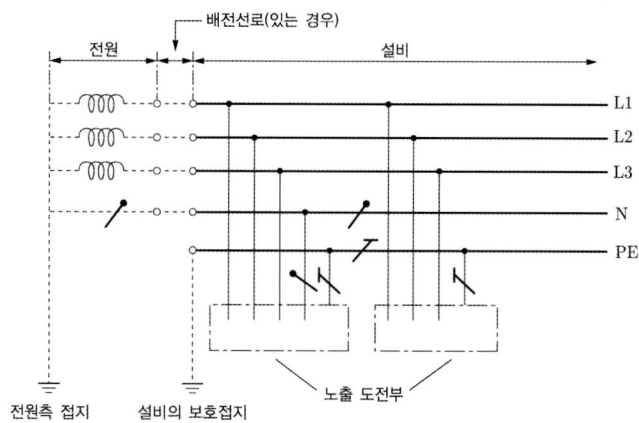

(6) IT 계통(KEC 203.4조)

- 충전부 전체를 대지로부터 절연시키거나, 한 점을 임피던스를 통해 대지에 접속
- 계통은 충분히 높은 임피던스를 통하여 접지

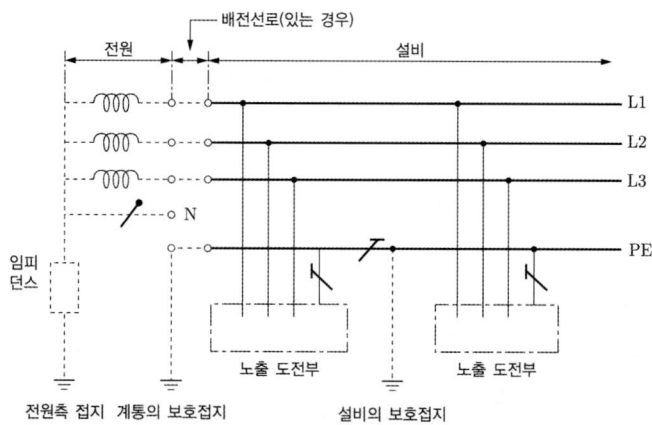

2. 안전을 위한 보호

(1) 감전에 대한 보호(인축에 대한 기본보호와 고장보호)(KEC 211조)

① 일반 요구사항

가. 전압 규정
- 교류전압 : 실효값
- 직류전압 : 리플프리

나. 보호대책
- 기본보호와 고장보호를 독립적으로 적절하게 조합

- 기본보호와 고장보호를 모두 제공
- 추가적 보호 : 외부영향의 특정 조건과 특정한 특수장소에서의 보호대책

다. 설비의 각 부분에서 하나 이상의 보호대책은 외부영향의 조건을 고려하여 적용
- 전원의 자동차단
- 이중절연 또는 강화절연
- 한 개의 전기사용기기에 전기를 공급하기 위한 전기적 분리
- SELV와 PELV에 의한 특별저압

② 전원의 자동차단에 의한 보호대책
- 기본보호 : 충전부의 기본절연 또는 격벽이나 외함
- 고장보호 : 보호등전위본딩 및 자동차단
- 추가적인 보호 : 누전차단기를 시설

그 외) 누설전류감시장치 : 누설전류를 감시하는 데 사용. 누설전류의 설정 값을 초과하는 경우 음향 또는 시각적인 신호 발생

가. **누전차단기의 시설**
금속제 외함을 가지는 사용전압이 50[V]를 초과하는 저압의 기계 기구로서 사람이 쉽게 접촉할 우려가 있는 곳에 시설하는 것에 전기를 공급하는 전로

(2) 과전류에 대한 보호(KEC 212조)
 * 과전류 : 과부하 및 단락전류

① 과전류 보호장치의 종류 및 특성
가. 과부하전류 및 단락전류 겸용 보호장치
나. 과부하전류 전용 보호장치
- 차단용량 : 설치 점에서의 예상 단락전류 값 미만

다. 단락전류 전용 보호장치
- 예상 단락전류를 차단 가능, 차단기인 경우에는 단락전류를 투입할 수 있는 능력

② 과부하전류에 대한 보호
가. 도체와 과부하 보호장치 사이의 협조
과부하에 대해 케이블(전선)을 보호하는 장치의 동작 특성
- $I_B \leq I_n \leq I_Z$
- $I_2 \leq 1.45 \times I_Z$

여기서, I_B : 회로의 설계전류
I_Z : 케이블의 허용전류
I_n : 보호장치의 정격전류
I_2 : 보호장치가 규약시간 이내에 유효하게 동작하는 것을 보장하는 전류

나. 과부하 보호장치의 설치 위치
- 설치위치 : 전로 중 도체의 허용전류 값이 줄어드는 곳(이하 분기점)에 설치
- 분기회로(S_2)의 분기점(O)에 설치되지 않은 분기회로 과부하보호장치(P_2)

분기회로(S_2)의 과부하 보호장치(P_2)의 전원 측에 다른 분기회로 또는 콘센트의 접속이 없고 분기회로에 대한 단락보호가 이루어지고 있는 경우, P_2는 분기회로의 분기점(O)으로부터 부하 측으로 거리에 구애 받지 않고 이동하여 설치 가능

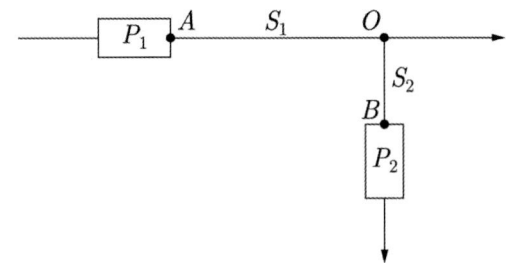

- 분기회로(S_2)의 분기점(O)에서 3[m] 이내에 설치된 과부하보호장치(P_2)
  분기회로 (S_2)의 보호장치 (P_2)는 (P_2)의 전원 측에서 분기점(O) 사이에 다른 분기회로 또는 콘센트의 접속이 없고, 단락의 위험과 화재 및 인체에 대한 위험성이 최소화 되도록 시설된 경우, **분기회로의 보호장치 (P_2)는 분기회로의 분기점(O)으로부터 3[m]까지 이동하여 설치 가능**

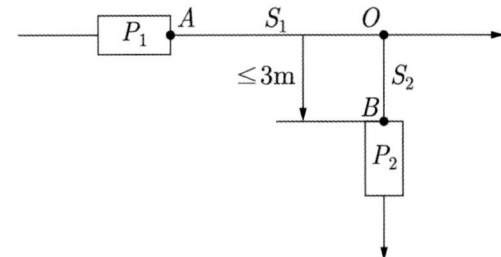

다. 과부하보호장치의 생략
- 통신회로용, 제어회로용, 신호회로용 및 이와 유사한 설비
- 회전기의 여자회로
- 전자석 크레인의 전원회로
- 전류변성기의 2차회로
- 소방설비의 전원회로
- 안전설비(주거침입경보, 가스누출경보 등)의 전원회로

③ 저압전로 중의 개폐기 및 과전류차단장치의 시설
가. 저압전로 중의 개폐기의 시설
- 저압전로 중에 개폐기는 각 극에 설치
- 사용전압이 다른 개폐기는 상호 식별이 용이
나. 저압 옥내전로 인입구에서의 개폐기의 시설
- 인입구에 가까운 곳으로서 쉽게 개폐할 수 있는 곳에 개폐기를 각 극에 시설
- **개폐기를 각 극에 시설하지 않아도 되는 경우**
  사용전압이 400[V] 이하인 옥내 전로가 다른 옥내전로(정격전류가 16[A] 이하인 과전류 차단기 또는 정격전류가 16[A]를 초과하고 20[A] 이하인 배선차단기로 보호되고 있는 것)에 접속하는 길이 15[m] 이하의 전로에서 전기를 공급받는 경우

다. 저압전로 중의 과전류차단기의 시설
- 저압 퓨즈

정격전류의 구분	시간	정격전류의 배수	
		불용단 전류	용단 전류
4[A] 이하	60분	1.5배	2.1배
4[A] 초과 16[A] 미만	60분	1.5배	1.9배
16[A] 이상 63[A] 이하	60분	1.25배	1.6배
63[A] 초과 160[A] 이하	120분	1.25배	1.6배
160[A] 초과 400[A] 이하	180분	1.25배	1.6배
400[A] 초과	240분	1.25배	1.6배

- 산업용 배선차단기(다만, 일반인이 접촉할 우려가 있는 장소(세대내 분전반 및 이와 유사한 장소)에는 주택용 배선차단기)

정격전류의 구분	시간	정격전류의 배수(모든 극에 통전)	
		부동작 전류	동작 전류
63[A] 이하	60분	1.05배	1.3배
63[A] 초과	120분	1.05배	1.3배

- 순시트립에 따른 구분(주택용 배선차단기)

형	순시트립범위
B	$3I_n$ 초과 ~ $5I_n$ 이하
C	$5I_n$ 초과 ~ $10I_n$ 이하
D	$10I_n$ 초과 ~ $20I_n$ 이하

비고 1. B, C, D : 순시트립전류에 따른 차단기 분류
　　 2. I_n : 차단기 정격전류

- 과전류트립 동작시간 및 특성(주택용 배선차단기)

정격전류의 구분	시간	정격전류의 배수(모든 극에 통전)	
		부동작 전류	동작 전류
63[A] 이하	60분	1.13배	1.45배
63[A] 초과	120분	1.13배	1.45배

라. 저압전로 중의 전동기 보호용 과전류보호장치의 시설
　옥내에 시설하는 전동기의 과부하 보호 장치의 생략
- **정격 출력이 0.2[kW] 이하인 전동기**
- 전동기를 운전 중 상시 취급자가 감시할 수 있는 위치에 시설하는 경우
- 전동기의 구조나 부하의 성질로 보아 전동기가 소손할 수 있는 과전류가 생길 우려가 없는 경우
- 단상 전동기로써 그 전원 측 전로에 시설하는 과전류 차단기의 정격 전류가 16[A](배선차단기는 20[A]) 이하인 경우

3. 배선 설비(KEC 230조)

(1) 저압 옥내배선의 사용전선

　2.5[㎟] 이상의 연동선 또는 이와 동등 이상의 강도 및 굵기의 것

(2) 사용 전압이 400[V] 이하

　① 전광표시 장치 기타 이와 유사한 장치 또는 제어 회로 등에 사용하는 공사종류
　　가. 1.5[㎟] 이상의 연동선
　　나. 0.75[㎟] 이상인 다심케이블, 캡타이어케이블

　② 진열장 또는 이와 유사한 것 : 0.75[㎟] 이상의 코드 또는 캡타이어 케이블

(3) 저압 옥내배선의 나전선 사용

　① 애자공사에 의해 전개된 곳
　　가. 전기로용 전선
　　나. 전선의 피복 절연물이 부식하는 장소에 시설
　　다. 취급자 이외의 자가 출입할 수 없도록 설비한 장소

　② **버스 덕트 공사**

　③ 라이팅 덕트 공사

　④ 접촉전선을 시설

(4) 옥내전로의 대지 전압의 제한(KEC 231.6조)
　백열전등 및 방전등에 전기를 공급하는 옥내전로의 대지전압 : 300[V] 이하

4. 배선공사의 종류(KEC 232.2조)

(1) 배선설비 공사의 종류

전선 및 케이블		공사방법							
		케이블공사			전선관 시스템	케이블트렁킹 시스템 (몰드형, 바닥매입형 포함)	케이블덕팅 시스템	케이블트레이 시스템 (래더, 브래킷 등 포함)	애자 공사
		비고정	직접 고정	지지선					
나전선		×	×	×	×	×	×	×	○
절연전선(b)		×	×	×	○	○(a)	○	×	○
케이블(외장 및 무기질절연물을 포함)	다심	○	○	○	○	○	○	○	△
	단심	△	○	○	○	○	○	○	△

○ : 사용할 수 있다.
× : 사용할 수 없다.
△ : 적용할 수 없거나 실용상 일반적으로 사용할 수 없다.

a : 케이블트렁킹이 IP4X 또는 IPXXD급의 이상의 보호조건을 제공하고, 도구 등을 사용하여 강제적으로 덮개를 제거할 수 있는 경우에 한하여 절연전선을 사용할 수 있다.
b : 보호 도체 또는 보호 본딩도체로 사용되는 절연전선은 적절하다면 어떠한 절연 방법이든 사용할 수 있고 전선관시스템, 렁킹시스템 또는 덕트시스템에 배치하지 않아도 된다.

(2) 설치방법에 따른 배선방법

설치방법	공사방법
전선관시스템	합성수지관공사, 금속관공사, 가요전선관공사
케이블트렁킹시스템	합성수지몰드공사, 금속몰드공사, 금속트렁킹공사(a)
케이블덕팅시스템	플로어덕트공사, 셀룰러덕트공사, 금속덕트공사(b)
애자공사	애자공사
케이블트레이시스템(래더, 브래킷 포함)	케이블트레이공사
케이블공사	고정하지 않는 방법, 직접 고정하는 방법, 지지선 방법

a : 금속본체와 커버가 별도로 구성되어 커버를 개폐할 수 있는 금속덕트공사를 말한다.
b : 본체와 커버 구분없이 하나로 구성된 금속덕트공사를 말한다.

(3) 애자공사(KEC 232.56조)

① 전선 : 절연전선(옥외용 비닐 절연전선 및 인입용 비닐 절연전선 제외)

② **전선 상호 간의 간격 : 0.06[m] 이상**

③ 전선과 조영재 사이의 이격거리
  가. 400[V] 이하 : 25[mm] 이상
  나. 400[V] 초과 : 45[mm](건조한 장소 : 25[mm])

④ 전선의 지지점 간의 거리
  가. 조영재의 윗면 또는 옆면에 따라 붙일 경우 : 2[m] 이하
  나. 400[V] 초과 : 6[m] 이하

⑤ 애자 : 절연성·난연성 및 내수성

(4) 몰드공사, 관공사, 덕트공사

> **기본 사항**
> - 전선 : 절연전선(옥외용 비닐 절연전선 제외)
>   연선(단면적 10[mm²]의 동선(16[mm²]의 알루미늄) 이하의 것은 예외)
> - 관, 몰드, 덕트 내에는 접속점이 없어야 함
> - 금속제에는 접지공사를 할 것

① 합성수지몰드공사(KEC 232.21조)
  • 홈의 폭 및 깊이가 35[mm] 이하, 두께는 2[mm] 이상(단, 사람이 접촉할 우려가 없도록 시설하는 경우에는 폭이 50[mm] 이하, 두께는 1[mm] 이상)

② 합성수지관공사(KEC 232.11조)
  • 관 삽입 깊이 : 관 바깥지름의 1.2배(접착제를 사용하는 경우 0.8배)
  • **관의 지지점 간 거리 : 1.5[m] 이하**
  • 방습장치 시설

③ 금속관 공사(KEC 232.12조)
  - **관의 두께**
    - **콘크리트 매설 1.2[mm]**
    - 기타 1.0[mm](단, 이음매가 없는 길이 4[m] 이하 0.5[mm])

④ 금속몰드공사(KEC 232.22조)
  - 황동제 또는 동제의 몰드 : 폭 50[mm] 이하, 두께 0.5[mm] 이상
  - 금속제 조인트 박스를 사용할 경우 몰드 내에서 접속 가능
  - 사용전압이 400[V] 이하로 옥내의 건조한 장소로 전개된 장소 또는 점검할 수 있는 은폐장소에 한하여 시설 가능

⑤ 금속제 가요전선관공사(KEC 232.13조)
  - 2종 금속제 가요전선관일 것
  - 1종 금속제 가요전선관
    - 전개된 장소
    - 점검할 수 있는 은폐된 장소
    - 점검 불가능한 은폐장소에 기계적 충격을 받을 우려가 없는 조건

⑥ 금속덕트공사(KEC 232.31조)
  - 덕트 : 폭이 40[mm] 이상, 두께 1.2[mm] 이상
  - **덕트에 넣는 전선의 단면적 : 덕트 내부 단면적의 20[%] 이하**
    단, 전광 표시장치 또는 제어회로 배선용 50[%] 이하
  - 지지점 간 거리 : 조영재에 붙이는 경우 3[m](수직 6[m])

⑦ 버스덕트공사(KEC 232.61조)
  - 지지점 간 거리 : 조영재에 붙이는 경우 3[m](수직 6[m])

⑧ 라이팅덕트공사(KEC 232.71조)
  - 전등을 일렬로 배선하는 공사에 사용
  - 지지점 간 거리 : 2[m]

⑨ 플로어덕트공사(KEC 232.32조)

⑩ 셀룰러덕트공사(KEC 232.33조)

(5) 케이블공사, 케이블트레이공사

① 케이블공사(KEC 232.51조)
  - 전선 : 케이블, 캡타이어 케이블
  - 지지점 간 거리
    - 조영재에 붙이는 경우 2[m](수직 6[m])
    - 캡타이어 케이블 : 1[m] 이하
  - 접지공사 할 것

② 케이블트레이공사(KEC 232.41조)
- 케이블 트레이의 종류 : 사다리형, 펀칭형, 그물망형, 바닥밀폐형
- **안전율 : 1.5 이상**
- 접지공사 할 것
- **비금속제 케이블 트레이는 난연성 재료의 것**

(6) 수용가 설비에서의 전압강하(KEC 232.3.9조)

① 수용가 설비의 인입구로부터 기기까지의 전압강하

설비의 유형	조명[%]	기타[%]
저압으로 수전하는 경우	3	5
고압 이상으로 수전하는 경우	6	8

② 더 큰 전압강하를 허용하는 경우
- 기동 시간 중의 전동기
- 돌입전류가 큰 기타 기기

(7) 절연물의 허용온도(KEC 232.5.1조)

절연물의 종류	최고허용온도[℃]
열가소성 물질[염화비닐(PVC)]	70(도체)
열경화성 물질 [가교폴리에틸렌(XLPE) 또는 에틸렌프로필렌고무혼합물 (EPR)]	90(도체)
무기물(열가소성 물질 피복 또는 나도체로 사람이 접촉할 우려가 있는 것)	70(시스)
무기물(사람의 접촉에 노출되지 않고, 가연성 물질과 접촉할 우려가 없는 나도체)	105(시스)

(8) 옥내에 시설하는 저압 접촉전선 배선(KEC 232.81조)

① 배선방식 : 애자공사 또는 버스덕트공사 또는 절연 트롤리공사

② 애자공사
  가. 전선 높이 : 3.5[m] 이상
  나. 전선 : 인장강도 11.2[kN] 이상, 지름 6[mm]의 경동선으로 단면적이 28[mm²] 이상
  다. 전선 지지점 간 거리 : 6[m] 이하
  라. 전선 상호 간격 : 0.14[m] 이상, 기타의 경우에는 0.2[m] 이상

(9) 옥내에 시설하는 저압용 배분전반 등의 시설(KEC 232.84조)

① **한 개의 분전반에는 한 가지 전원(1회선의 간선)만 공급**

② 주택용 분전반은 독립된 장소(신발장, 옷장 등의 은폐된 장소는 제외)에 시설

③ 옥내에 설치하는 배전반 및 분전반은 불연성 또는 난연성

5. 전기사용 장소의 저압 전기 설비

(1) 조명설비 기준(KEC 234조)

① 코드 및 이동전선
- 단면적 0.75[mm²] 이상의 코드 또는 캡타이어케이블
- 단면적이 0.75[mm²] 이상인 450/750[V] 내열성 에틸렌 아세테이트 고무절연전선(조명용 전원코드를 비나 이슬에 맞지 않도록 시설하고(옥측에 시설하는 경우만) 사람이 쉽게 접촉되지 않도록 시설할 경우)

② 콘센트의 시설

가. 욕실 또는 화장실 등 인체가 물에 젖어있는 상태에서 전기를 사용하는 장소
- 인체감전보호용 누전차단기(정격감도전류 15[mA] 이하, 동작시간 0.03초 이하의 전류동작형) 또는 절연변압기(정격용량 3[kVA] 이하인 것)로 보호된 전로에 접속하거나, 인체감전보호용 누전차단기가 부착된 콘센트를 시설
- 접지극이 있는 방적형 콘센트

나. 습기가 많은 장소 또는 수분이 있는 장소에 시설하는 콘센트 및 기계기구용 콘센트 : 접지용 단자가 있는 것을 사용하여 접지하고 방습 장치

다. 주택의 옥내전로에는 접지극이 있는 콘센트를 사용하여 접지

③ **점멸기(타임스위치)의 시설**
- **관광숙박업 또는 숙박업 : 1분 이내 소등**
- **주택, APT : 3분 이내 소등**

(2) 전주외등(KEC 234.10조)

① 대지전압 : 300[V] 이하

② 기구 인출선 : 0.75[mm²] 이상

③ 배선
가. 2.5[mm²] 이상의 절연전선
나. 금속관공사, 합성수지관공사, 케이블공사

④ 누전차단기 : 가로등, 보안등, 조경등 등으로 시설하는 방전등에 공급하는 전로의 사용전압이 150[V]를 초과하는 경우

(3) 1[kV] 이하 방전등 옥내 시설(KEC 234.11조)

① 대지전압 : 300[V] 이하

② 절연변압기 : 관등회로의 사용전압이 400[V] 초과

③ 배선
가. 2.5[mm²] 이상의 연동선, 절연전선
나. 캡타이어 케이블 또는 케이블
다. 금속관공사, 합성수지관공사, 가요전선관공사, 케이블공사 또는 아래의 표 중 어느 한 방법

시설장소의 구분		공사방법
전개된 장소	건조한 장소	애자공사·합성수지몰드공사 또는 금속몰드공사
	기타의 장소	애자공사
점검할 수 있는 은폐된 장소	건조한 장소	금속몰드공사

④ 관등회로의 배선 중 애자공사
- 전선 : 단면적 0.75[mm²] 이상의 코드 또는 캡타이어 케이블
- 다만, 전개된 장소에 관등회로의 사용전압이 600[V] 이하인 경우에는 단면적 2.5[mm²] 이상의 연동선과 동등 이상의 세기 및 굵기의 절연전선

공사방법	전선 상호간의 거리	전선과 조영재의 거리	전선 지지점간의 거리	
			관등회로의 전압이 400[V] 초과 600[V] 이하의 것	관등회로의 전압이 600[V] 초과 1[kV] 이하의 것
애자공사	60[mm] 이상	25[mm] 이상 (습기가 많은 장소는 45[mm] 이상)	2[m] 이하	1[m] 이하

⑤ 진열장 또는 이와 유사한 것의 내부 관등회로 배선
- 전선 : 단면적 0.75[mm²] 이상의 코드 또는 캡타이어 케이블
- 전선의 부착점간의 거리 : 1[m] 이하

(4) 네온 방전등(KEC 234.12조)

① 대지전압 : 300[V] 이하

② 네온변압기 사용(접지할 것)

③ 관등회로배선 : 네온관용 전선
  가. 전선 상호간격 : 60[mm] 이상
  나. 전선지지점간의 거리 : 1[m] 이하

(5) 수중조명등(KEC 234.14조)

① **절연변압기 : 1차측 사용전압 400[V] 이하, 2차측 사용전압 150[V] 이하**

② 절연변압기 2차측 전로(비접지)
- 사용전압 30[V] 이하 : 금속제 혼촉 방지판 설치(접지 공사)
- **사용전압 30[V] 초과 : 자동적으로 전로를 차단하는 정격감도전류 30[mA] 이하의 누전차단기를 시설**
- 개폐기 및 과전류차단기를 각 극에 시설

(6) 교통신호등(KEC 234.15조)

① **교통신호등 제어장치의 2차측 배선 사용전압 : 300[V] 이하**

② 전선 : 2.5[mm²] 연동선, 450/750[V] 일반용 단심 비닐절연전선, 450/750[V] 내열성에틸렌아세테이트 고무절연전선

③ 교통 신호등 회로의 인하선 지표상 높이 : 2.5[m] 이상

④ 교통신호등의 제어장치 전원 측 : 전용 개폐기 및 과전류차단기를 각 극에 시설

⑤ 사용전압 150[V] 초과 : 전로에 지락이 발생하는 경우 전로를 차단하는 누전차단기를 시설

(7) 비상용 예비전원설비(KEC 244조)

① 비상용 예비전원설비의 전원 공급방법
  가. 수동 전원공급
  나. 자동 전원공급

② 자동 전원공급의 분류(절환 시간 기준)
  가. 무순단 : 과도시간 내에 전압 또는 주파수 변동 등 규정 조건에서 연속적인 전원공급 가능
  나. 순단 : 0.15초 이내 자동 전원공급 가능
  다. 단시간 차단 : 0.5초 이내 자동 전원공급 가능
  라. 보통 차단 : 5초 이내 자동 전원공급 가능
  마. 중간 차단 : 15초 이내 자동 전원공급 가능
  바. 장시간 차단 : 15초 이후에 자동 전원공급 가능

(8) 전기울타리(옥외에서 가축의 탈출 또는 야생짐승의 침입 방지)(KEC 241.1조)

① **사용전압 : 250[V] 이하**

② **전선 : 지름 2[mm] 이상의 경동선**

③ **전선과 지지하는 기둥 사이의 이격거리 : 25[mm]**

④ **전선과 수목 사이의 이격거리 : 0.3[m]**

⑤ 위험 표시 : 100[mm] × 200[mm] 이상, 노랑색

⑥ 접지 : 전기울타리 전원장치의 외함 및 변압기의 철심

(9) 전기욕기(KEC 241.2조)

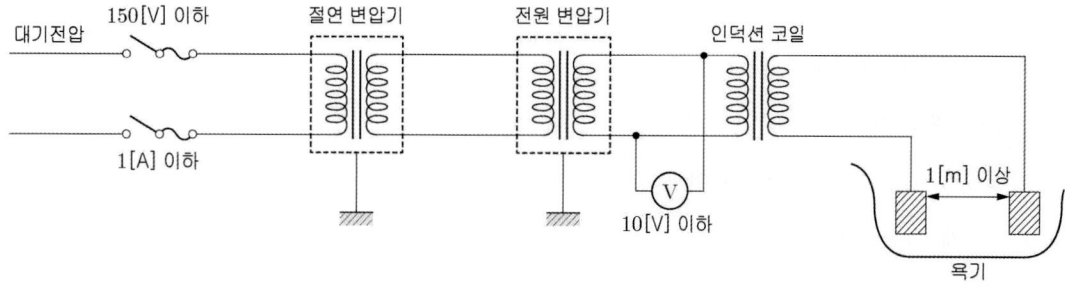

① 전기욕기용 전원장치 : 2차 측 전로의 사용전압 10[V] 이하

② 욕탕 안의 전극 간의 거리 : 1[m] 이상

(10) 전극식 온천온수기(KEC 241.4조)

수관을 통하여 공급되는 온천수의 온도를 올려서 수관을 통하여 욕탕에 공급

① 사용전압 : 400[V] 이하

② 절연변압기
　가. 1차 측 전로 : 개폐기 및 과전류 차단기
　나. 철심, 금속제 외함, 차폐장치 전극 : 접지 공사

(11) 전기온상(KEC 241.5조)

식물의 재배 또는 양잠·부화·육추 등의 용도로 사용하는 전열 장치

① 전로의 대지 전압 : 300[V] 이하

② **발열선 : 그 온도가 80[°C]를 넘지 않도록 할 것**

(12) 전격살충기(KEC 241.7조)

전격격자 : 지표 또는 바닥에서 3.5[m] 이상(7[kV] 이하인 경우 1.8[m])

(13) 유희용 전차(유원지·유회장 등의 구내에서 유희용으로 시설하는 것)(KEC 241.8조)

① 전원장치 : 2차측 사용전압 직류 60[V] 이하, 교류 40[V] 이하

② 절연변압기 : 1차측 사용전압 400[V] 이하, 2차측 사용전압 150[V] 이하

③ 접촉 전선 : 제3레일 방식으로 시설

(14) 아크 용접기(이동형의 용접 전극 사용)(KEC 241.10조)

① 용접변압기 : 절연변압기
　가. 1차 측 전로 : 개폐기 시설
　나. 1차 측 전로의 대지전압 : 300[V] 이하

② 피용접재, 받침대, 정반 등의 금속체 : 접지 공사

(15) 도로 등의 전열장치(KEC 241.12조)

① 전로의 대지 전압 : 300[V] 이하

② 발열선의 허용 온도 : 80[°C] 이하

③ 발열선에 접지공사

(16) 소세력 회로(전자 개폐기의 조작회로 또는 초인벨·경보벨 등에 접속하는 전로)(KEC 241.14조)

① **최대 사용전압 : 60[V] 이하**

② 절연변압기 : 대지 전압 300[V] 이하

절연변압기의 2차 단락전류

소세력 회로의 최대 사용전압의 구분	2차 단락전류	과전류 차단기의 정격 전류
15[V] 이하	8[A]	5[A]
15[V] 초과 30[V] 이하	5[A]	3[A]
30[V] 초과 60[V] 이하	3[A]	1.5[A]

(17) 전기부식방지 시설(KEC 241.16조)

지중 또는 수중에 시설하는 금속체(피방식체)의 부식을 방지하기 위해 지중 또는 수중에 시설하는 양극과 피방식체간에 방식 전류를 통하는 시설

① **사용전압 : 직류 60[V] 이하**

② 지중에 매설하는 양극의 매설깊이 : 0.75[m] 이상

③ 전위차

　가. 수중에 시설하는 양극과 주위 1[m] 이내의 거리에 있는 임의의 점 : 10[V] 이하

　나. 지표 또는 수중에서 1[m] 간격의 임의의 2점(양극의 주위 1[m] 이내의 거리에 있는 점은 제외)
　　: 5[V] 이하

(18) 전기자동차 전원 설비(KEC 241.17조)

교류의 전원을 입력받아 전기자동차에 전원을 공급하기 위한 분전반, 배선(전로), 충전장치 및 충전케이블 등의 전기자동차 충전설비

① 전원설비 : 저압

　가. 전용의 개폐기 및 과전류 차단기를 각 극에 시설

　나. 전로에 지락이 생겼을 때 자동적으로 그 전로를 차단하는 장치

② 전기자동차의 충전장치 시설

　가. 충전부분이 노출되지 않도록 시설, 외함은 접지공사

　나. 쉽게 열 수 없는 구조

　다. 부착된 충전 케이블을 거치할 수 있는 거치대
　　충분한 수납공간(옥내 0.45[m] 이상, 옥외 0.6[m] 이상)을 갖는 구조

　라. 충전 케이블은 반드시 거치

(19) 분진 위험장소(KEC 242.2조)

① **폭연성 분진 위험 장소**

- 마그네슘·알루미늄·티탄·지르코늄 등 먼지가 쌓여있는 상태에서 불이 붙었을 때 폭발할 우려
- 금속관 공사(박강전선관), 케이블 공사(캡타이어케이블 제외)

② 가연성 분진 위험 장소

- 소맥분·전분·유황 기타 가연성의 먼지로 공중에 떠다니는 상태에서 착화하였을 때에 폭발할 우려가 있는 것

- 금속관공사, 합성수지관공사, 케이블공사

(20) 가연성 가스 등의 위험장소(KEC 242.3조)
- 가연성 가스 또는 인화성 물질의 증기가 새거나 체류하여 전기설비가 발화원이 되어 폭발할 우려가 있는 곳
- 금속관공사, 케이블공사

(21) **위험물 등이 존재하는 장소**(KEC 242.4조)
- **셀룰로이드 · 성냥 · 석유류 기타 타기 쉬운 위험한 물질**
- **금속관공사, 합성수지관공사, 케이블공사**

(22) 화약류 저장소 등의 위험장소(KEC 242.5조)
 ① 전로의 대지 전압 : 300[V] 이하
 ② 전기기계기구는 전폐형
 ③ 전용 개폐기 및 과전류 차단기 : 화약류 저장소 이외의 곳에 시설
 ④ **케이블을 사용하여 지중전선로를 이용**

(23) 전시회, 쇼 및 공연장의 전기설비(KEC 242.6조)
 무대 · 무대마루 밑 · 오케스트라 박스 · 영사실 기타 : 사용 전압은 400[V] 이하

(24) 의료장소(KEC 242.10조)
 병원이나 진료소 등에서 환자의 진단 · 치료(미용치료 포함) · 감시 · 간호 등의 의료행위를 하는 장소
 ① 의료장소의 안전을 위한 보호 설비
  가. 그룹 1 및 그룹 2의 의료 IT 계통
   - 전원측 : 이중 또는 강화절연을 한 비단락보증 절연변압기를 설치, 2차측 비접지
   - 비단락보증 절연변압기
     - 2차측 정격전압은 교류 250[V] 이하
     - 단상 2선식, 10[kVA] 이하
   - 의료 IT 계통의 절연저항을 계측, 지시하는 절연 감시장치 설치
     - 절연저항이 50[kΩ] 까지 감소하면 표시설비 및 음향설비로 경보

(25) 저압 옥내직류 전기설비(KEC 243.1조)
 ① 저압 옥내직류 전기설비의 접지
  전로 보호장치의 확실한 동작의 확보, 이상전압 및 대지전압의 억제를 위하여 직류 2선식의 임의의 한 점 또는 변환장치의 직류측 중간점, 태양전지의 중간점 등을 접지
 ③ 직류전기설비를 시설하는 경우 : 감전에 대한 보호
 ④ 직류전기설비의 접지시설 : 전기부식방지

이론 요약

1. 저압 계통 접지 : TN 계통, TT 계통, IT 계통

① TN 계통 : 전원 측의 한 점을 직접 접지하고 설비의 노출도전부를 보호도체로 접속
- TN-S 계통 : 계통 전체에 대해 별도의 중성선 또는 PE 도체를 사용
- TN-C 계통 : 계통 전체에 대해 중성선과 보호도체의 기능을 동일도체로 겸용(PEN 도체사용)
- TN-C-S계통 : 계통의 일부분에서 PEN 도체를 사용, 중성선과 별도의 PE 도체를 사용

② TT 계통 : 전원의 한 점을 직접 접지하고 설비의 노출도전부는 전원의 접지전극과 전기적으로 독립적인 접지극에 접속

③ IT 계통 : 충전부 전체를 대지로부터 절연시키거나, 한 점을 고임피던스를 통해 대지에 접속

2. 안전을 위한 보호

① 전압규정 : 교류는 실효값, 직류는 리플프리
  ※ 리플프리직류 : 교류를 직류로 변환할 때 리플성분의 실효값이 10[%] 이하로 포함된 직류

② 보호대책
- 전원의 자동차단, 이중절연 또는 강화절연
- 한 개의 전기사용기기에 전기를 공급하기 위한 전기적 분리
- SELV와 PELV에 의한 특별저압

③ 전원의 자동차단에 의한 보호대책
- 기본보호 : 충전부의 기본절연 또는 격벽이나 외함
- 고장보호 : 보호등전위본딩 및 자동차단
- 추가적인 보호 : 누전차단기 시설

④ 누전차단기의 시설
  금속제 외함을 가지는 사용전압이 50[V]를 초과하는 저압의 기계 기구로서 사람이 쉽게 접촉할 우려가 있는 곳에 시설하는 것에 전기를 공급하는 전로

⑤ 과전류 보호장치(과전류 : 과부하 및 단락전류)
- 과부하에 대해 케이블(전선)을 보호하는 장치의 동작 특성
  - $I_B \leq I_n \leq I_Z$
  - $I_2 \leq 1.45 \times I_Z$
  여기서, I_B : 회로의 설계전류
  I_Z : 케이블의 허용전류
  I_n : 보호장치의 정격전류
  I_2 : 보호장치가 규약시간 이내에 유효하게 동작하는 것을 보장하는 전류

- 과부하 보호장치의 설치 위치 : 분기점에 설치

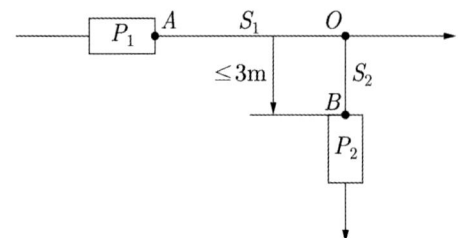

- 과부하보호장치의 생략
  - 분기회로의 전원 측에 설치된 보호장치에 의하여 분 유효하게 보호되고 있는 분기회로
  - 단락보호가 되고 있으며, 분기점 이후의 분기회로에 다른 분기회로 및 콘센트가 접속되지 않는 분기회로 중, 부하에 설치된 과부하 보호장치가 유효하게 동작하여 과부하전류가 분기회로에 전달되지 않도록 조치를 하는 경우
  - 통신회로용, 제어회로용, 신호회로용 및 이와 유사한 설비
  - 회전기의 여자회로
  - 전자석 크레인의 전원회로
  - 전류변성기의 2차회로
  - 소방설비의 전원회로
  - 안전설비(주거침입경보, 가스누출경보 등)의 전원회로

3. 저압전로 중의 과전류차단기의 시설

① 저압 퓨즈

정격전류의 구분	시간	정격전류의 배수	
		불용단 전류	용단 전류
4[A] 이하	60분	1.5배	2.1배
4[A] 초과 16[A] 미만	60분	1.5배	1.9배
16[A] 이상 63[A] 이하	60분	1.25배	1.6배
63[A] 초과 160[A] 이하	120분	1.25배	1.6배
160[A] 초과 400[A] 이하	180분	1.25배	1.6배
400[A] 초과	240분	1.25배	1.6배

② 산업용 배선차단기(다만, 일반인이 접촉할 우려가 있는 장소(세대내 분전반 및 이와 유사한 장소)에는 주택용 배선차단기)

정격전류의 구분	시간	정격전류의 배수(모든 극에 통전)	
		부동작 전류	동작 전류
63[A] 이하	60분	1.05배	1.3배
63[A] 초과	120분	1.05배	1.3배

③ 과전류트립 동작시간 및 특성(주택용 배선차단기)

정격전류의 구분	시간	정격전류의 배수(모든 극에 통전)	
		부동작 전류	동작 전류
63[A] 이하	60분	1.13배	1.45배
63[A] 초과	120분	1.13배	1.45배

형	순시트립범위(I_n: 차단기 정격전류)
B	$3I_n$ 초과 $5I_n$ 이하
C	$5I_n$ 초과 $10I_n$ 이하
D	$10I_n$ 초과 $20I_n$ 이하

4. 옥내에 시설하는 전동기의 과부하 보호 장치의 시설 제외

① 정격 출력이 0.2[kW] 이하인 전동기

② 상시 취급자가 감시

③ 과전류가 생길 우려가 없는 경우

④ 단상전동기 : 과전류 차단기 정격전류 16[A](배선차단기는 20[A]) 이하

5. 저압 옥내배선의 사용전선

2.5[㎟] 이상의 연동선 또는 이와 동등 이상의 강도 및 굵기의 것

※ 사용 전압이 400[V] 이하

① 전광표시 장치, 제어 회로 등에 사용하는 배선

- 1.5[㎟] 이상의 연동선
- 0.75[㎟] 이상인 다심케이블, 캡타이어 케이블

② 진열장 또는 이와 유사한 것 : 0.75[㎟] 이상의 코드 또는 캡타이어 케이블

※ 방전등에 전기를 공급하는 옥내전로의 대지전압 : 300[V] 이하

6. 나전선의 사용(옥내)

① 애자공사에 의하여 전개된 곳에 다음의 전선을 시설하는 경우

- 전기로용 전선
- 전선의 피복 절연물이 부식하는 장소의 전선
- 취급자 이외의 자가 출입할 수 없도록 설비한 장소에 시설하는 전선

② 버스덕트공사

③ 라이팅덕트공사

④ 접촉 전선을 시설

7. 옥내전로의 대지 전압의 제한(백열등, 방전등 등) : 300[V] 이하

8. 애자공사

① 전선은 절연전선(OW, DV 제외)

	전선상호간격	조영재와 이격거리	지지점 간의 거리
400[V] 이하	0.06[m] 이상	25[mm] 이상	6[m]이하 단, 조영재의 윗면 또는 옆면에 따라 붙일 경우 2[m]이하
400[V] 초과		45[mm] 이상 단, 건조한 곳 25[mm]이상	

② 애자 : 절연성, 난연성, 내수성

9. 저압옥내배선(몰드공사, 관공사, 덕트공사)

※ 기본 사항

- 전선 : 절연전선(옥외용 비닐 절연전선 제외)

    연선(단면적 10[mm²]의 동선(16[mm²]의 알루미늄) 이하의 것은 예외)

- 관, 몰드, 덕트 내에는 접속점이 없어야 함(금속몰드공사의 경우 조인트 박스 사용하면 접속 가능)

- 금속제에는 접지공사를 할 것

① 합성수지몰드공사

- 홈의 폭 및 깊이가 35[mm]이하, 두께 2[mm] 이상

   (단, 사람이 접촉할 우려가 없도록 시설하는 경우에는 폭이 50[mm], 두께 1[mm] 이상)

② 합성수지관공사

- 관 삽입 깊이 : 관 바깥지름의 1.2배(접착제를 사용하는 경우 0.8배)

- 관의 지지점 간 거리 : 1.5[m] 이하

③ 금속관공사

- 금속관의 두께 : 콘크리트 매설 1.2[mm], 기타 1.0[mm]

④ 금속몰드공사

- 황동제 또는 동제의 몰드 : 폭 50[mm] 이하, 두께 0.5[mm] 이상

- 사용전압 400[V] 이하+옥내의 건조한 장소로 전개된 장소 또는 점검할 수 있는 은폐장소에만 가능

⑤ 가요전선관공사

- 2종 금속제 가요전선관일 것

⑥ 금속덕트공사

- 덕트 : 폭이 40[mm], 두께 1.2[mm] 이상

- 덕트에 넣는 전선의 단면적 : 덕트 내부 단면적의 20[%] 이하

   단, 전광 표시, 출퇴 표시, 제어회로 배선용 50[%] 이하

- 지지점 간 거리 : 조영재에 붙이는 경우 3[m](취급자 이외 출입금지+수직 6[m])

⑦ 버스덕트공사

- 지지점 간 거리 : 조영재에 붙이는 경우 3[m](취급자 이외 출입금지+수직 6[m])

⑧ 라이팅덕트공사(전등을 일렬로 배선하는 공사에 사용)
- 지지점 간 거리 : 2[m]

10. 케이블(트레이)시스템

① 케이블공사(케이블, 캡타이어 케이블)
- 지지점 간 거리 : 조영재에 붙이는 경우 2[m](수직 6[m]), 캡타이어 케이블 : 1[m] 이하

② 케이블트레이공사
- 케이블 트레이의 종류 : 사다리형, 펀칭형, 그물망형, 바닥밀폐형
- 전선 : 연피 케이블, 알루미늄피 케이블 등 난연성 케이블
- 안전율 : 1.5 이상

11. 수용가 설비에서의 전압 강하

설비의 유형	조명[%]	기타[%]
저압으로 수전하는 경우	3	5
고압 이상으로 수전하는 경우	6	8

더 큰 전압강하를 허용하는 경우
- 기동 시간 중의 전동기
- 돌입전류가 큰 기타 기기

12. 전기 사용장소의 저압 전기설비

① 조명기구 전구선 및 이동전선 : 0.75[mm²] 이상의 코드 또는 캡타이어케이블

② 콘센트의 시설 : 방적형, 방습형
  욕실 : 인체감전보호용 누전차단기
    (정격감도전류 15[mA] 이하, 동작시간 0.03초 이하의 전류동작형)

③ 타임스위치 시설
- 호텔, 여관 : 1분 이내
- 일반주택 및 아파트 : 3분 이내

④ 옥외등, 전주외등 : 대지전압 300[V] 이하

⑤ 1[kV] 이하 방전등 옥내 시설 : 대지전압 300[V] 이하

시설장소의 구분		배선방법
전개된 장소	건조한 장소	애자공사・합성수지몰드공사 또는 금속몰드공사
	기타의 장소	애자공사
점검할 수 있는 은폐된 장소	건조한 장소	금속몰드공사

13. 수중조명등

① 절연변압기(1차측 대지전압 400[V] 이하, 2차측 사용전압 150[V] 이하)

② 절연변압기 2차측 전로 : 비접지

- 사용전압 30[V] 이하 : 금속제의 혼촉방지판을 설치
- 사용전압 30[V] 초과 : 자동적으로 전로를 차단하는 장치를 시설(누전차단기)

14. 교통신호등의 시설

① 사용전압 : 300[V] 이하

② 교통 신호등 회로의 인하선 지표상 높이 : 2.5[m] 이상

15. 비상용 전원설비(자동 전원공급의 분류(절환 시간 기준))

① 무순단 : 과도시간 내에 전압 또는 주파수 변동 등 규정 조건에서 연속적인 전원공급 가능

② 순단 : 0.15초 이내 자동 전원공급 가능

③ 단시간 차단 : 0.5초 이내 자동 전원공급 가능

16. 전기울타리의 시설

① 전선 : 지름 2[mm] 이상의 경동선

② 전선과 기둥 사이의 이격거리 : 25[mm] 이상

③ 전선과 수목 사이의 이격거리 : 0.3[m] 이상

④ 사용전압 : 250[V] 이하

⑤ 전기 울타리의 접지전극과 다른 접지 계통의 접지전극의 거리는 2[m] 이상

17. 전기욕기의 시설

① 전기욕기용 전원장치 : 2차 측 전로의 사용전압 10[V] 이하

② 욕탕 안의 전극간의 거리 : 1[m] 이상

18. 도로 등의 전열장치의 시설 및 전기온상 등의 시설(식물재배, 양잠·부화·육추 등 용도)

① 대지전압 : 300[V] 이하

② 발열선 : 80[℃]를 넘지 말 것

19. 전격 살충기의 시설

마루 위 3.5[m] 이상의 높이(2차측 개방 전압이 7[kV] 이하의 절연변압기 사용 : 1.8[m])

20. 유희용 전차

① 사용전압 : 직류 60[V] 이하, 교류 40[V] 이하

② 접촉전선 : 제3레일 방식

21. 아크 용접장치의 시설(이동형의 용접 전극)

절연변압기 : 1차측 대지전압 - 300[V] 이하(개폐기 시설)

22. 소세력 회로의 시설(전자 개폐기의 조작회로 또는 초인벨·경보벨)

① 절연변압기 : 1차측 대지전압 300[V] 이하 2차측 최대사용전압 60[V] 이하

② 절연변압기의 2차 단락전류

소세력 회로의 최대 사용전압의 구분	2차 단락전류	과전류 차단기의 정격전류
15[V] 이하	8[A]	5[A]
15[V] 초과 30[V] 이하	5[A]	3[A]
30[V] 초과 60[V] 이하	3[A]	1.5[A]

23. 전기부식방지 시설

① 사용전압 : 직류 60[V] 이하

② 전위차

- 양극과 그 주위 1[m] 이내의 거리 : 10[V]를 넘지 말 것
- 지표 또는 수중에서 1[m] 간격의 임의의 2점 : 5[V]를 넘지 말 것

24. 분진위험장소

① 폭연성 분진, 가연성가스 : 금속관공사, 케이블공사(캡타이어 케이블 제외)

② 가연성 분진, 위험물(석유류) : 금속관공사, 합성수지관공사, 케이블공사

25. 화약류 저장소 등의 위험장소

① 전로의 대지 전압 300[V] 이하, 전폐형

② 케이블 사용하여 지중전선로로 사용

26. 전시회, 쇼 및 공연장

① 배선용 케이블 : 구리 도체 단면적 1.5[mm²] 이상

② 무대·무대마루 밑·오케스트라박스·영사실 : 사용전압이 400[V] 이하

27. 진열장(쇼윈도, 쇼케이스)

① 사용전압 : 400[V] 이하

② 전선 : 단면적이 0.75[mm²] 이상인 코드 또는 캡타이어 케이블일 것

28. 의료장소

① 그룹 1 및 그룹 2의 의료 IT 계통

- 절연변압기 : 2차측 정격전압은 교류 250[V] 이하, 단상 2선식, 10[kVA] 이하
- 의료 IT 계통의 절연저항을 계측, 지시하는 절연 감시장치 설치

절연저항이 50[kΩ]까지 감소하면 표시설비 및 음향설비로 경보
② 의료장소 내의 접지 설비
  기준 접지 바 공용 : 인접하는 의료장소와의 바닥 면적 합계 50[㎡] 이하

CHAPTER 05 필수 기출문제

꼭! 나오는 문제만 간추린

01 ★★★★★
저압전로의 보호도체 및 중성선의 접속 방식에 따른 분류에 해당되지 않는 것은?
① TN 계통
② TC 계통
③ IT 계통
④ TT 계통

해설 (KEC 203.1조) 계통접지 구성
저압전로의 보호도체 및 중성선의 접속 방식에 따른 분류
① TN 계통
② TT 계통
③ IT 계통

【답】②

02 저압전로의 보호도체 및 중성선의 접속 방식에 따른 분류에 사용되는 기호 중 다음의 기호의 의미는?
① 중성선(N)
② 중간도체(M)
③ 보호도체(PE)
④ 중성선과 보호도체겸용(PEN)

해설 (KEC 203.1조) 계통접지 구성
각 계통에서 나타내는 그림의 기호

기호	설명
─────•─────	중성선(N), 중간도체(M)
─────/─────	보호도체(PE)
─────/•─────	중성선과 보호도체 겸용(PEN)

【답】③

03 ★★★★★
저압전로의 보호도체 및 중성선의 접속 방식에 따른 분류 중 다음의 접지 방식은 어느 것인가?

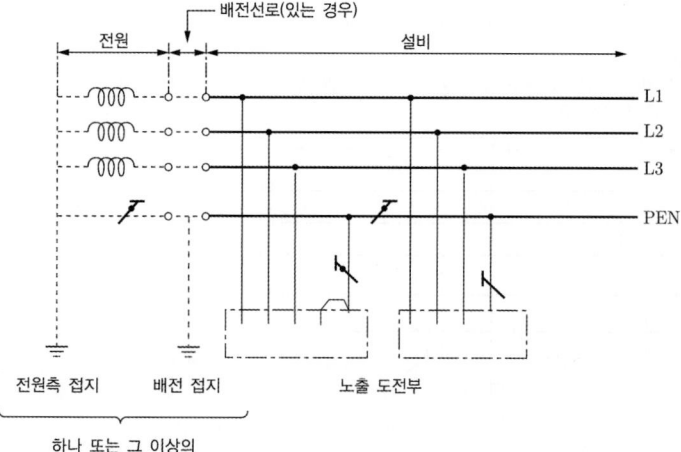

① TN 계통 ② TN-C 계통
③ IT 계통 ④ TT 계통

해설 (KEC 203.2조) TN 계통
TN-C 계통 : 계통 전체에 대해 중성선과 보호도체의 기능을 동일도체로 겸용한 PEN 도체를 사용
배전계통에서 PEN 도체를 추가로 접지 가능 【답】②

04 저압전로의 보호도체 및 중성선의 접속 방식에 따른 분류 중 다음의 접지방식은 어느 것인가?

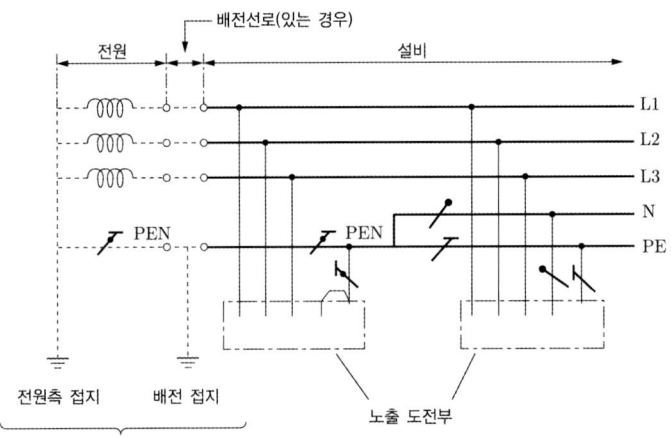

① TN 계통 ② TN-C 계통
③ TN-S 계통 ④ TN-C-S 계통

해설 (KEC 203.2조) TN 계통
TN-C-S계통 : 계통의 일부분에서 PEN 도체를 사용, 중성선과 별도의 PE 도체를 사용
배전계통에서 PEN 도체와 PE 도체를 추가로 접지 가능 【답】④

05 ★★★★★
KSC IEC 60364에서 전원의 한 점을 직접 접지하고, 설비의 노출 도전성 부분을 전원 계통의 접지극과 별도로 전기적으로 독립하여 접지하는 방식은?

① TT 계통 ② TN-C 계통
③ TN-S 계통 ④ TN-CS 계통

해설 (KEC 203.3조) TT 계통
TT시스템 : 보호도체를 전원으로부터 끌고 오지 않고 기기 자체에서 접지하여 사용

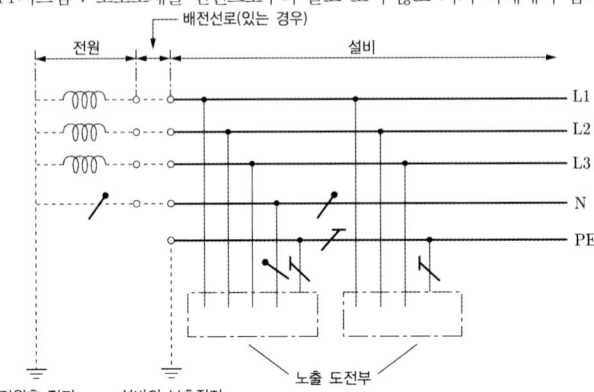

【답】①

06 KS C IEC 60364에서 충전부 전체를 대지로부터 절연시키거나 한 점에 임피던스를 삽입하여 대지에 접속시키고, 전기기기의 노출 도전성 부분 단독 또는 일괄적으로 접지하거나 또는 계통접지로 접속하는 접지계통을 무엇이라 하는가?

① TT 계통　　② IT 계통
③ TN-C 계통　　④ TN-S 계통

해설　(KEC 203.4조) IT 계통
IT 계통 : 충전부 전체를 대지로부터 절연시키거나 한 점에 임피던스를 삽입하여 대지에 접속시키고, 전기기기의 노출 도전성 부분 단독 또는 일괄적으로 접지하거나 또는 계통접지로 접속하는 접지계통을 말한다.

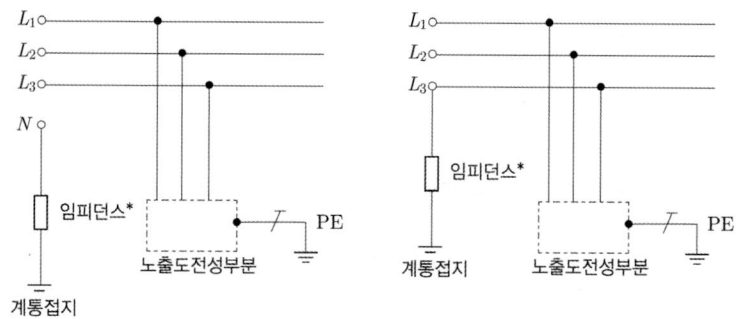

* : 이 계통은 접지에서 분리될 수 있다. 중성선은 분리되거나 그렇지 않을 수 있다.　【답】②

07 일반적으로 사용되며 일반인이 사용하는 콘센트는 정격전류 몇 [A] 이하일 때 누전차단기에 의한 추가적 보호를 하여야 하는가?

① 20　　② 32
③ 51　　④ 68

해설　(KEC 211.2.3조) 고장보호의 요구사항 - 추가적인 보호
다음에 따른 교류계통에서는 누전차단기에 의한 추가적 보호를 하여야 한다.
① 일반적으로 사용되며 일반인이 사용하는 정격전류 20[A] 이하 콘센트
② 옥외에서 사용되는 정격전류 32[A] 이하 이동용 전기기기　【답】①

08 금속제 외함을 가진 저압의 기계기구로서 사람이 쉽게 접촉할 우려가 있는 곳에 시설하는 경우, 전로에 접지가 생길 때 자동적으로 사용전압이 최소 몇 [V]를 넘는 전로를 차단하는 장치를 시설하여야 하는가?

① 30　　② 50
③ 150　　④ 300

해설　(KEC 211.2.4조) 누전차단기의 시설
금속제 외함을 가지는 사용전압이 **50[V]를 초과하는 저압의 기계기구**로서 사람이 쉽게 접촉할 우려가 있는 곳에 시설하는 것에 전기를 공급하는 전로에는 전로에 지락이 생겼을 때에 자동적으로 전로를 차단하는 장치를 하여야 한다.　【답】②

09 분기회로 보호장치를 설치하려 한다. 전원 측에서 분기점사이에 다른 분기회로 또는 콘센트의 접속이 없고, 단락의 위험과 화재 및 인체에 대한 위험성이 최소화 되도록 시설된 경우, 분기회로의 보호장치(P_2)는 분기회로의 분기점으로부터 몇 [m]까지 이동하여 설치할 수 있는가?

① 2 ② 2.5
③ 3 ④ 3.5

해설 (KEC 212.4.2조) 과부하 보호장치의 설치 위치
분기회로(S_2)의 보호장치(P_2)는 (P_2)의 전원 측에서 분기점(O) 사이에 다른 분기회로 또는 콘센트의 접속이 없고, 단락의 위험과 화재 및 인체에 대한 위험성이 최소화 되도록 시설된 경우, 분기회로의 보호장치(P_2)는 분기회로의 분기점(O)으로부터 3[m]까지 이동하여 설치할 수 있다.

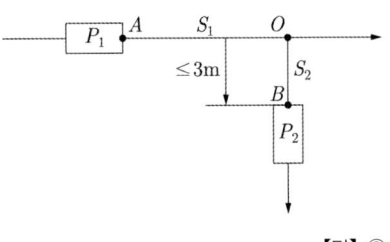

【답】③

10 ★★★★★ 저압 옥내전로의 인입구에 가까운 곳으로서 쉽게 개폐할 수 있는 곳에 개폐기를 시설하여야 한다. 그러나 사용전압이 400[v] 이하인 옥내전로로서 다른 옥내전로에 접속하는 길이가 몇 [m] 이하인 경우는 개폐기를 생략할 수 있는가?(단, 정격전류가 16[A] 이하인 과전류 차단기 또는 정격전류가 16[A]를 초과하고 20[A] 이하인 배선용 차단기로 보호되고 있는 것에 한한다)

① 15 ② 20
③ 25 ④ 30

해설 (KEC 212.6.2조) 저압 옥내전로 인입구에서의 개폐기의 시설
사용전압이 400[V] 이하인 옥내 전로로서 다른 옥내전로(정격전류가 16[A] 이하인 과전류 차단기 또는 정격전류가 16[A]를 초과하고 20[A] 이하인 배선차단기로 보호되고 있는 것에 한한다)에 **접속하는 길이 15[m] 이하의 전로**에서 전기의 공급을 받는 것은 ①의 규정에 의하지 아니할 수 있다.

【답】①

11 정격 전류 60[A] 이하의 저압용 퓨즈를 수평으로 붙이고 정격 전류 1.6배의 전류를 통한 경우에 용단 시간의 최대 한도는 얼마인가?

① 60분 ② 120분
③ 180분 ④ 240분

해설 (KEC 212.3.4조) 보호장치의 특성
과전류 차단기로 저압 전로에 사용하는 퓨즈는 표에 적합한 것이어야 한다.

정격 전류의 구분	시간	정격전류의 배수	
		불용단 전류	용단 전류
…	…	…	…
16[A] 이상 63[A] 이하	60분	1.25배	1.6배
63[A] 초과 160[A] 이하	120분	1.25배	1.6배
…	…	…	…

【답】①

12 과전류 차단기로서 저압 전로에 사용하는 100[A] 퓨즈는 수평으로 붙여서 시험할 때 1.6배의 전류를 통하는 경우는 몇 분 안에 용단되어야 하는가?

① 30분 ② 60분
③ 120분 ④ 150분

해설 (KEC 212.3.4조) 보호장치의 특성
위의 표에 의해 120분

【답】③

13 주택용 배선차단기의 B형은 순시트립범위가 차단기 정격전류(I_n)의 몇 배인가?

① 3 초과 5이하
② 1 초과 3이하
③ 5 초과 10 이하
④ 10 초과 20 이하

해설 (KEC 212.3.4조) 보호장치의 특성
과전류차단기로 저압전로에 사용하는 주택용 배선차단기는 아래 표에 적합한 것이어야 한다.

형	순시트립범위(I_n : 차단기 정격전류)
B	$3I_n$ 초과 $5I_n$ 이하
C	$5I_n$ 초과 $10I_n$ 이하
D	$10I_n$ 초과 $20I_n$ 이하

【답】①

14 저압 전로에 사용하는 산업용 배선차단기의 정격전류가 63[A] 이하인 경우 과전류트립 동작전류는 정격전류의 몇 배로 하여야 하는가?

① 1.25
② 1.45
③ 1.3
④ 1.6

해설 (KEC 212.3.4조) 보호장치의 특성
과전류 과전류차단기로 저압전로에 사용하는 산업용 배선차단기는 표에 적합한 것이어야 한다.

정격 전류의 구분	시간	정격전류의 배수(모든 극에 통전)	
		부동작 전류	동작 전류
63[A] 이하	60분	1.05배	1.3배
63[A] 초과	120분	1.05배	1.3배

【답】③

15 옥내에 시설하는 전동기(0.2[kW] 이하는 제외)는 원칙적으로 과부하 보호 장치를 시설하도록 규정하고 있다. 다음 중 과부하 보호 장치를 생략할 수 없는 사항은?

① 전동기를 운전 중 상시 취급자가 감시할 수 있는 위치에 시설하는 경우
② 전동기의 정격 출력이 7.5[kW] 이하로서 취급자가 감시할 수 있는 위치에 전동기에 흐르는 전류 값을 표시하는 계기를 시설하는 경우
③ 전동기가 단상의 것으로 과부하 차단기의 정격 전류가 16[A] 이하인 경우
④ 전동기의 부하의 성질상 전동기의 권선에 전동기가 소손할 정도의 과전류가 생길 우려가 없는 경우

해설 (KEC 212.6.3조) 저압전로 중의 전동기 보호용 과전류보호장치의 시설
옥내에 시설하는 전동기는 전동기가 소손될 우려가 있는 과전류가 생겼을 때에 자동적으로 이를 저지하거나 이를 경보하는 장치를 하여야 한다. 다만, 다음 각 호의 어느 하나에 해당하는 경우에는 그러하지 아니하다.
① **정격 출력이 0.2[kW] 이하인 전동기**
② 전동기를 운전 중 상시 취급자가 감시할 수 있는 위치에 시설하는 경우
③ 전동기의 구조나 부하의 성질로 보아 전동기가 소손할 수 있는 과전류가 생길 우려가 없는 경우
④ 단상 전동기로써 그 전원 측 전로에 시설하는 과전류 차단기의 정격 전류가 16[A](배선차단기는 20[A]) 이하인 경우

【답】②

16 옥내에 시설하는 저압 전선에 나전선을 사용할 수 있는 경우는 다음 중 어느 것인가?

① 금속덕트공사에 의하여 시설하는 경우
② 버스덕트공사에 의하여 시설하는 경우
③ 합성수지관공사에 의하여 시설하는 경우
④ 플로어덕트공사에 의하여 시설하는 경우

해설 (KEC 231.4조) 나전선의 사용 제한
옥내에 시설하는 저압 전선에 나전선 사용할 수 있는 경우
① 애자공사에 의하여 전개된 곳에 다음의 전선을 시설하는 경우
  - 전기로용 전선
  - 전선의 피복 절연물이 부식하는 장소에 시설하는 전선
  - 취급자 이외의 자가 출입할 수 없도록 설비한 장소에 시설하는 전선
② **버스덕트공사에 의하여 시설**하는 경우
③ 라이팅덕트공사에 의하여 시설하는 경우
④ 접촉 전선을 시설하는 경우

【답】②

17 저압 옥내배선에서 사용되는 전선은 단면적 몇 [mm²]의 연동선을 사용해야 하는가?
① 1.5 ② 2.5
③ 4.0 ④ 16

해설 (KEC 231.3조) 저압 옥내배선의 사용전선
저압 옥내배선의 전선은 단면적이 2.5[mm²] 이상의 연동선 또는 이와 동등 이상의 강도 및 굵기의 것

【답】②

18 ★★★★★
옥내전로의 대지전압에 대한 내용이다. ( )안에 알맞은 숫자를 바르게 나열한 것은?

> 주택의 전로 인입구에는 감전보호용 누전차단기를 시설하여야 한다. 다만, 전로의 전원측에 정격용량이(㉠)[kVA] 이하인 절연변압기(1차 전압이 저압이고 2차 전압이 (㉡)[V] 이하인 것에 한한다)를 사람이 쉽게 접촉할 우려가 없도록 시설하고 또한 그 절연변압기의 부하측 전로를 접지하지 않는 경우에는 예외로 한다.

① ㉠ : 1, ㉡ : 500   ② ㉠ : 1, ㉡ : 300
③ ㉠ : 3, ㉡ : 300   ④ ㉠ : 3, ㉡ : 500

해설 (KEC 231.6조) 옥내전로의 대지 전압의 제한
주택의 옥내전로(전기기계기구내의 전로를 제외한다)의 대지전압은 300[V] 이하이어야 하며 다음 각 호에 따라 시설하여야 한다. 다만, 대지전압 150[V] 이하의 전로인 경우에는 다음에 따르지 않을 수 있다.
① 사용전압은 400[V] 이하여야 한다.
② 주택의 전로 인입구에는 「전기용품 및 생활용품 안전관리법」에 적용을 받는 감전보호용 누전차단기를 시설하여야 한다. 다만, 전로의 전원측에 정격용량이 3[kVA] 이하인 절연변압기(1차 전압이 저압이고 2차 전압이 300[V] 이하인 것에 한한다)를 사람이 쉽게 접촉할 우려가 없도록 시설하고 또한 그 절연변압기의 부하측 전로를 접지하지 않는 경우에는 예외로 한다.

【답】③

19 저압 옥내배선공사의 종류 중 전선관시스템에 의한 배선 방법의 종류가 아닌 것은?
① 합성수지관공사   ② 금속관공사
③ 가요전선관공사   ④ 합성수지몰드공사

해설 (KEC 232.2조) 배선설비 공사의 종류
저압 옥내배선 설치방법에 해당하는 공사방법의 종류

설치방법	공사방법
전선관시스템	합성수지관공사, 금속관공사, 가요전선관공사
케이블트렁킹시스템	합성수지몰드공사, 금속몰드공사, 금속트렁킹공사(a)
케이블덕팅시스템	플로어덕트공사, 셀룰러덕트공사, 금속덕트공사(b)
애자공사	애자공사
케이블트레이시스템(래더, 브래킷 포함)	케이블트레이공사
케이블공사	고정하지 않는 방법, 직접 고정하는 방법, 지지선 방법

【답】④

20 옥내에 시설하는 애자공사 시 사용전압이 400[V] 이하인 경우 전선 상호 간의 이격거리는? 단, 비와 이슬에 젖지 아니하는 장소이다.

① 0.03[m]
② 0.06[m]
③ 0.1[m]
④ 0.12[m]

해설 (KEC 232.56.1조) 애자공사 시설조건
전선 상호 간의 간격 : 0.06[m] 이상 　　　　　　　　　　　　　　　　　　【답】②

21 사용전압 220[V]의 애자공사에서 전선의 지지점 간의 거리는 최대 몇 [m]인가? 단, 전개된 장소로서 전선을 조영재의 상면에 따라 붙일 경우이다.

① 1.5
② 2
③ 3.5
④ 4

해설 (KEC 232.56.1조) 애자공사 시설조건
전선의 지지점 간의 거리 : 전선을 조영재의 윗면 또는 옆면에 따라 붙일 경우에는 2[m] 이하　【답】②

22 옥내에 시설하는 애자공사 시 사용전압이 400[V]를 넘는 경우 전선과 조영재와의 이격거리는? 단, 전개된 장소로서 건조한 장소이다.

① 25[mm] 이상
② 50[mm] 이상
③ 7.5[mm] 이상
④ 0.1[m] 이상

해설 (KEC 232.56.1조) 애자공사 시설조건 - 전선과 조영재 사이의 이격거리
• 사용전압이 400[V] 이하 : 25[mm] 이상
• 400[V] 초과 : 45[mm](건조한 장소에 시설하는 경우에는 25[mm]) 이상　　　　【답】①

23 사용전압 200[V]인 경우에 애자공사에서 전선과 조영재와의 이격거리는 최소 몇 [mm] 이상이어야 하는가?

① 25
② 45
③ 60
④ 80

해설 (KEC 232.56.1조) 애자공사 시설조건 - 전선과 조영재 사이의 이격거리
• 사용전압이 400[V] 이하 : 25[mm] 이상
• 400[V] 초과 : 45[mm](건조한 장소에 시설하는 경우에는 25[mm]) 이상　　　　【답】①

24 합성수지몰드공사에 의한 저압 옥내배선에서 합성수지 몰드의 홈의 폭 및 깊이는 몇 [mm] 이하이어야 하는가?(단, 사람이 자주 왕래하는 곳이다)

① 8
② 15
③ 25
④ 35

해설 (KEC 232.21.1조) 합성수지몰드공사 시설조건
합성수지 몰드는 홈의 폭 및 깊이가 35[mm] 이하, 두께 2[mm] 이상의 것일 것. 다만, 사람이 쉽게 접촉할 우려가 없도록 시설하는 경우에는 폭이 50[mm] 이하, 두께 1[mm] 이상의 것을 사용할 수 있다.　　　　　　　　　　【답】④

25 합성수지관공사 시에 관의 지지점 간의 거리는 몇 [m] 이하로 하여야 하는가?
① 1.0
② 1.5
③ 2.0
④ 2.5

해설 (KEC 232.11조) 합성수지관공사
관의 지지점 간의 거리는 1.5[m] 이하
【답】②

26 저압 옥내배선에서 합성수지관에 넣을 수 있는 단선의 최대 굵기[㎟]는?
① 2.5
② 4
③ 6
④ 10

해설 (KEC 232.11조) 합성수지관공사
전선은 연선일 것. 다만, 다음의 것은 적용하지 않는다.
• 짧고 가는 합성수지관에 넣은 것
• 단면적 10[㎟](알루미늄선은 단면적 16[㎟]) 이하의 것
【답】④

27 합성수지관공사 시 관 상호 간과 박스와의 접속은 관의 삽입하는 깊이를 관 바깥지름의 몇 배 이상으로 하여야 하는가?
① 0.5배
② 0.9배
③ 1.0배
④ 1.2배

해설 (KEC 232.11조) 합성수지관공사
관 상호 간 및 박스와는 관을 삽입하는 깊이를 관의 바깥지름의 1.2배(접착제를 사용하는 경우에는 0.8배) 이상
【답】④

28 일반 주택의 저압 옥내배선을 점검하였더니 다음과 같이 시공되어 있었다. 잘못 시공된 것은?
① 욕실의 전등으로 방습 형광등이 시설되어 있다.
② 단상 3선식 인입 개폐기의 중성선에 동판이 접속되어 있었다.
③ 합성수지관공사의 지지점 간의 거리가 2.0[m]로 되어 있었다.
④ 금속관공사로 시공하였고 NR 전선이 사용되어 있었다.

해설 (KEC 232.11조) 합성수지관공사
관의 지지점 간의 거리는 1.5[m] 이하
【답】③

29 금속관공사에 의한 저압 옥내배선 시 시설기준에 적합하지 않은 것은?
① 전선으로 옥외용 비닐절연전선을 사용하였다.
② 금속관 안에는 전선에 접속점이 없도록 하였다.
③ 콘크리트에 매입하는 금속관의 두께는 1.2[mm]를 사용하였다.
④ 관의 끝부분 및 안쪽 면은 전선의 피복을 손상하지 아니하도록 매끈한 것을 사용하였다.

해설 (KEC 232.12조) 금속관공사
① 전선은 절연전선(**옥외용 비닐 절연전선 제외**)
② 전선은 연선일 것. 다만, 다음의 것은 적용하지 않는다.
• 짧고 가는 금속관에 넣은 것
• 단면적 10[㎟](알루미늄선은 단면적 16[㎟]) 이하의 것
③ 전선은 금속관 안에서 접속점이 없도록 할 것
【답】①

30
★★★★★
금속관공사에 의한 저압 옥내배선 시 콘크리트에 매설하는 경우 관의 최소 두께[mm]는?
① 0.8   ② 1.0
③ 1.2   ④ 1.4

해설 (KEC 232.12조) 금속관공사 – 관의 두께
- **콘크리트에 매설하는 것 : 1.2[mm] 이상**
- 콘크리트에 매설하는 것 이외 : 1[mm] 이상

【답】③

31
★★★★★
금속관공사로부터 애자공사로 옮기는 경우 절연부싱을 사용하는 가장 주된 목적은?
① 관의 끝이 터지는 것을 방지
② 관내 해충 및 이물질 출입 방지
③ 관의 끝부분에서 조영재의 접촉 방지
④ 관의 끝부분에서 전선 피복의 손상 방지

해설 (KEC 232.12조) 금속관공사
관의 끝 부분에는 전선의 피복을 손상하지 아니하도록 적당한 구조의 부싱을 사용할 것. 다만, 금속관공사로부터 애자사용공사로 옮기는 경우에는 그 부분의 관의 끝 부분에는 절연부싱 또는 이와 유사한 것을 사용하여야 한다.

【답】④

32
가요전선관공사에 의한 저압 옥내배선으로 잘못된 것은?
① 2종 금속제 가요 전선관을 사용하였다.
② 규격에 적당한 단면적 15[mm²]의 단선을 사용하였다.
③ 전선으로 절연전선을 사용하였다.
④ 사람이 접촉할 우려가 없지만 기준에 적합한 접지 공사를 하였다.

해설 (KEC 232.13조) 금속제 가요전선관공사
① 전선은 절연전선(옥외용 비닐 절연전선을 제외)
② 전선은 연선일 것. 다만, **단면적 10[mm²]**(알루미늄선은 단면적 16[mm²]) **이하**인 것은 그러하지 아니하다.
③ 가요 전선관 안에는 전선에 접속점이 없도록 할 것
④ 가요 전선관은 2종 금속제 가요 전선관일 것
⑤ 접지공사를 할 것

【답】②

33
금속덕트 공사에 대한 시설기준으로 틀린 것은?
① 금속덕트 안에는 전선의 피복을 손상할 우려가 있는 것을 넣지 않아야 한다.
② 전선을 분기하는 경우 그 접속점을 쉽게 점검할 수 있는 때에는 금속덕트 안의 전선에 접속점을 만들 수 있다.
③ 금속덕트에 의하여 저압 옥내배선이 건축물의 방화구획을 관통하거나 인접 조영물로 연장되는 경우에는 그 방화벽 또는 조영물 벽면의 덕트 내부는 불연성의 물질로 차폐하여야 한다.
④ 금속덕트에 넣은 전선의 단면적(절연피복의단면적을 포함한다)의 합계는 덕트의 내부 단면적의 5[%](전광표시장치 기타 이와 유사한 장치 또는 제어회로 등의 배선만을 넣는 경우에는 15[%]) 이하로 하여야 한다.

해설 (KEC 232.31조) 금속덕트공사
금속 덕트에 넣은 전선의 단면적(절연피복의 단면적을 포함)의 합계는 덕트 내부 단면적의 20[%](전광표시 장치 기타 이와 유사한 장치 또는 제어회로 등의 배선만을 넣는 경우는 50[%])이하일 것

【답】④

34 금속덕트공사에 대한 내용으로 틀린 것은?
① 덕트의 끝부분은 막지 않을 것
② 금속덕트 안에는 전선에 접속점이 없을 것
③ 전선은 옥외용 비닐절연전선을 제외한 절연전선일 것
④ 덕트는 물이 고이는 낮은 부분을 만들지 않도록 시설할 것

해설 (KEC 232.31조) 금속덕트공사
① **덕트의 끝부분은 막을 것**
② 덕트 안에는 전선의 접속점이 없을 것(전선을 분기하는 경우에 그 접속점을 쉽게 점검할 수 있는 경우는 가능)
③ 전선은 절연전선(옥외용 비닐절연전선을 제외한다)일 것
④ 덕트는 물이 고이는 낮은 부분을 만들지 않도록 시설할 것 【답】①

35 라이팅 덕트 공사에 의한 저압 옥내배선은 덕트의 지지점 간의 거리는 몇 [m] 이하로 하여야 하는가?
① 2　　② 3　　③ 4　　④ 5

해설 (KEC 232.71조) 라이팅덕트공사
덕트의 지지점 간의 거리는 2[m] 이하 【답】①

36 플로어덕트공사에 의한 저압 옥내배선에서 절연전선으로 연선을 사용하지 않아도 되는 것은 전선의 굵기가 몇 [mm²] 이하의 경우인가?
① 2.5　　② 4.0　　③ 6.0　　④ 10

해설 (KEC 232.32조) 플로어덕트공사
전선은 연선일 것 다만, **단면적 10[mm²]**(알루미늄선은 단면적 16[mm²]) 이하인 것은 그러하지 아니하다. 【답】④

37 옥내에 시설하는 전구선의 최소 굵기 [mm²]는?
① 1.25　　② 1.00　　③ 0.75　　④ 0.5

해설 (KEC 234.3조) 코드 및 이동전선
옥내에서 조명용으로 시설하는 사용전압이 400[V] 이하인 조명용 전원코드는 고무 코드 또는 0.6/1[kV] EP 고무 절연 클로로프렌 캡타이어 케이블로서 **단면적이 0.75[mm²] 이상인 것**이어야 한다. 【답】③

38 일반 주택 및 아파트 각 호실의 현관에 조명용 백열전등을 설치할 때 사용하는 타임스위치는 몇 [분] 이내에 소등되는 것을 시설하여야 하는가?
① 1분　　② 3분　　③ 10분　　④ 20분

해설 (KEC 234.6조) 점멸기의 시설
• 관광숙박업 또는 숙박업에 이용되는 객실의 입구등 : 1분 이내 소등
• 일반 주택 및 아파트 각 호실의 현관등 : 3분 이내 소등 【답】②

39 호텔 또는 여관 각 객실의 입구에 조명용 전등을 설치할 경우 몇 분 이내에 소등되는 타임스위치를 시설하여야 하는가?

① 1분
② 2분
③ 3분
④ 5분

해설 (KEC 234.6조) 점멸기의 시설
관광숙박업 또는 숙박업에 이용되는 객실의 입구등 : 1분 이내 소등 【답】①

40 쇼윈도 안의 저압 옥내배선에 옳지 않은 것은?

① 건조한 상태에서 시설할 것
② 전선은 단면적이 0.75[mm²] 이상인 코드 또는 캡타이어 케이블일 것
③ 사용전압이 300[V] 이하일 것
④ 전선은 건조한 목재, 콘크리트, 석재 등의 조영재에 그 피복을 손상하지 아니하도록 적당한 기구로 붙일 것

해설 (KEC 234.8조) 진열장 또는 이와 유사한 것의 내부 배선
① 건조한 곳에 시설하고 또한 내부를 건조한 상태로 사용하는 진열장 또는 이와 유사한 것의 내부에 **사용전압이 400[V] 이하**의 배선을 외부에서 잘 보이는 장소에 한하여 코드 또는 캡타이어케이블로 직접 조영재에 밀착하여 배선할 수 있다.
② 전선은 단면적이 0.75[mm²] 이상인 코드 또는 캡타이어 케이블일 것
③ 배선 또는 이것에 접속하는 이동전선과 다른 사용-전압이 400[V] 이하인 배선과의 접속은 꽂음 플러그 접속기 기타 이와 유사한 기구를 사용하여 시공하여야 한다. 【답】③

41 옥외 백열전등의 인하선으로서 지표상의 높이 몇 [m] 미만의 부분은 전선에 공칭 단면적 2.5[mm²] 이상의 연동선과 동등 이상의 세기 및 굵기의 절연전선을 사용하는가?

① 2
② 4.5
③ 6
④ 8

해설 (KEC 234.9.4조) 옥외등의 인하선
옥외등 또는 그의 점멸기에 이르는 인하선은 사람의 접촉과 전선피복의 손상을 방지하기 위하여 다음 배선방법으로 시설하여야 한다.
① 애자공사(지표상 2[m] 이상의 높이에서 노출된 장소에 시설할 경우에 한함)
② 금속관공사
③ 합성수지관공사
④ 케이블공사(알루미늄피 등 금속제 외피가 있는 것은 목조 이외의 조영물에 시설하는 경우에 한함) 【답】①

42 옥내의 네온 방전등 공사에서 전선의 지지점 간의 거리는 몇 [m] 이하로 시설하여야 하는가?

① 1
② 2
③ 3
④ 4

해설 (KEC 234.12조) 네온방전등
관등 회로의 배선은 애자공사에 의하여 시설할 것
• 전선은 네온관용 전선일 것
• 전선은 조영재의 옆면 또는 아랫면에 붙일 것 다만, 전선을 전개된 장소에 시설하는 경우에 기술상 부득이한 때에는 그러하지 아니하다.
• 전선의 지지점 간의 거리는 1[m] 이하일 것
• 전선 상호 간의 간격은 60[mm] 이상일 것 【답】①

43 관등회로의 사용전압이 400[V] 초과이고 1[kV] 이하인 배선을 전개된 건조한 장소에 시설하는 경우 공사방법으로 틀린 것은?

① 애자공사
② 금속몰드공사
③ 버스덕트공사
④ 합성수지몰드공사

해설 (KEC 234.11조) 1[kV] 이하 방전등
옥내에 시설하는 사용전압이 400[V] 초과, 1[kV] 이하인 관등회로의 배선은 합성수지관공사·금속관공사·가요전선관공사나 케이블공사 또는 아래 표의 규정에 준하여 시설하여야 한다.

시설장소의 구분		공사의 종류
전개된 장소	건조한 장소	애자 공사·합성수지몰드 공사 또는 금속 몰드 공사
	기타의 장소	애자 공사
점검할 수 없는 은폐된 장소	건조한 장소	금속 몰드 공사

【답】③

44 수영장 기타 이와 유사한 장소에 사용되는 수중조명등에 전기를 공급하기 위해서 사용되는 절연 변압기의 1차측 전로와 2차측 전로의 사용전압으로 옳은 것은?

① 1차 400[V] 이하 2차 150[V] 이하
② 1차 750[V] 이하 2차 450[V] 이하
③ 1차 300[V] 이하 2차 300[V] 이하
④ 1차 450[V] 이하 2차 300[V] 이하

해설 (KEC 234.14.1조) 수중조명등 사용전압
수중조명등에 전기를 공급하기 위해서는 절연변압기를 사용할 것
① 1차측 전로의 사용전압 : 400[V] 이하
② 2차측 전로의 사용전압 : 150[V] 이하

【답】①

45 교통신호등 제어장치의 2차측 배선의 최대사용전압은 몇 [V] 이하여야 하는가?

① 150
② 220
③ 300
④ 500

해설 (KEC 234.15조) 교통신호등
교통신호등 회로[교통신호등의 제어 장치(제어기·정리기 등)로부터 교통신호등의 전구까지의 전로]의 **사용전압은 300[V] 이하이어야 한다.**

【답】③

46 교통 신호등의 시설을 다음과 같이 하였다. 이 공사 중 옳지 못한 것은?

① 전선은 450/750[V] 일반용 단심 비닐 절연전선을 사용하였다.
② 신호등의 인하선은 지표상 2.5[m]로 하였다.
③ 도로를 횡단 시 지표상 6[m]로 하였다.
④ 회로의 사용전압은 400[V] 이하이어야 한다.

해설 (KEC 234.15조) 교통신호등
① **교통 신호등 회로의 사용전압은 300[V] 이하이어야 한다.**
② 교통 신호등 회로의 배선(인하선을 제외한다.)은 케이블인 경우 이외는 공칭 단면적 2.5[㎟] 연동선과 동등 이상의 세기 및 굵기의 450/750[V] 일반용 단심 비닐 절연전선 또는 450/750[V] 내열성 에틸렌아세테이트 고무 절연전선일 것
③ 교통신호등의 인하선에 사용되는 전선의 지표상 높이는 2.5[m] 이상일 것
④ 교통 신호등 제어 장치의 전원 측에는 전용 개폐기 및 과전류 차단기를 각 극에 시설하여야 하며 또한 교통 신호등 회로의 사용전압이 150[V]를 초과하는 경우에는 전로에 지락이 생겼을 때에 자동적으로 전로를 차단하는 장치를 시설할 것
⑤ 교통 신호등 제어 장치의 금속제 외함에는 접지 공사를 하여야 한다.

【답】④

47 전기 울타리의 시설에 관한 다음 사항 중 틀린 것은?
① 가축의 탈출 또는 야생짐승의 침입을 방지하기 위해서만 시설할 것
② 전선은 2[mm]의 경동선 또는 동등 이상의 것을 사용할 것
③ 수목과의 이격거리는 0.3[m] 이상일 것
④ 전선과 지지하는 기둥 사이의 이격거리는 30[mm] 이상일 것

해설 (KEC 241.1조) 전기울타리
① 옥외에서 가축의 탈출 또는 야생짐승의 침입을 방지하기 위해서만 시설
② 전선은 인장강도 1.38[kN] 이상의 것 또는 지름 2[mm] 이상의 경동선일 것
③ **전선과 이를 지지하는 기둥 사이의 이격거리는 25[mm] 이상일 것**
④ 전선과 다른 시설물(가공전선을 제외한다.) 또는 수목 사이의 이격거리는 0.3[m] 이상일 것 【답】④

48 전기욕기를 시설하였다. 욕탕 안의 전극과 절연변압기와의 사이의 2차 전압이 몇 [V] 이하인 전원 변압기를 사용하여야 하는가?
① 10[V] 이하　　　② 25[V] 이하
③ 30[V] 이하　　　④ 60[V] 이하

해설 (KEC 241.2조) 전기욕기
내장되는 전원 변압기의 2차측 전로의 사용전압이 10[V] 이하 【답】①

49 전기온상의 발열선은 온도가 몇 [℃]를 넘지 않도록 시설하여야 하는가?
① 50　　　② 60
③ 80　　　④ 100

해설 (KEC 241.5조) 전기온상 등
발열선은 그 온도가 80[℃]를 넘지 아니하도록 시설할 것 【답】③

50 발열선을 공중에 시설하는 전기온상 등에서 발열선을 애자로 지지하는 경우 지지점간의 거리는 몇 [m] 이하이어야 하는가?(단, 발열선의 상호간의 간격이 0.06[m]미만인 경우이다)
① 1　　　② 0.6
③ 1.5　　　④ 3

해설 (KEC 241.5조) 전기온상 등
발열선을 공중에 시설하는 전기온상 등은 발열선의 지지점간의 거리는 1[m] 이하일 것 【답】①

51 2차 측 개방 전압이 1만 볼트인 절연변압기를 사용한 전격 살충기는 전격격자가 지표상 또는 마루 위 몇 [m] 이상의 높이에 설치하여야 하는가?
① 3.5[m]　　　② 3.0[m]
③ 2.8[m]　　　④ 2.5[m]

해설 (KEC 241.7조) 전격 살충기
전격 살충기는 전격격자(電擊格子)가 **지표 또는 바닥에서 3.5[m] 이상의 높이**가 되도록 시설할 것 【답】①

52 유희용 전차 안의 전로 및 이격에 전기를 공급하기 위하여 사용하는 전기설비는 다음에 의하여 시설하여야 한다. 옳지 않은 것은?
① 유희용 전차에 전기를 공급하는 전로에는 전용 개폐기를 시설할 것
② 유희용 전차에 전기를 공급하기 위하여 사용하는 접촉 전선은 제3레일 방식에 의하여 시설할 것
③ 유희용 전차에 전기를 공급하는 전로의 사용전압은 직류에 있어서는 80[V] 이하, 교류에 있어서는 60[V] 이하일 것
④ 유희용 전차에 전기를 공급하기 위하여 사용하는 변압기의 1차 전압은 400[V] 이하일 것

해설 (KEC 241.8조) 유희용 전차
① 유희용 전차에 전기를 공급하는 전로의 사용전압은 **직류의 경우는 60[V] 이하, 교류의 경우는 40[V] 이하**일 것
② 유희용 전차에 전기를 공급하기 위하여 사용하는 접촉 전선은 제3레일 방식에 의하여 시설할 것
③ 레일 및 접촉 전선은 사람이 쉽게 출입할 수 없도록 설비한 곳에 시설할 것
④ 유희용 전차에 전기를 공급하기 위하여 사용하는 변압기의 1차 전압은 400[V] 이하일 것 【답】③

53 공사 현장 등에서 사용하는 이동용 전기 아크 용접기용 절연변압기의 1차 측 대지 전압은 얼마 이하이어야 하는가?
① 150
② 230
③ 300
④ 480

해설 (KEC 241.10조) 아크 용접기
용접변압기의 1차 측 전로의 대지 전압은 300[V] 이하일 것 【답】③

54 파이프라인 등에 전열장치 발열선을 시설하는 기준에 대한 설명으로 틀린 것은?
① 발열체 상호 간의 접속은 용접 또는 프렌지 접합에 의할 것
② 발열체는 그 온도가 피 가열 액체의 발화 온도의 90[%]를 넘지 않도록 시설할 것
③ 발열체에는 슈를 직접 붙이지 아니할 것
④ 발열체와 통기관 드레인관 등의 부속물과의 접속부분에는 발열체가 발생하는 열에 견디는 절연물을 삽입할 것

해설 (KEC 241.11조) 파이프라인 등의 전열장치
① 발열체는 그 온도가 피 가열 액체의 **발화 온도의 80[%]를 넘지 아니하도록 시설**할 것
② 발열체 상호 간의 접속은 용접 또는 프렌지 접합에 의할 것
③ 발열체에는 슈를 직접 붙이지 아니할 것
④ 발열체 상호 간의 프렌지 접합부 및 발열체와 통기관·드레인관 등의 부속물과의 접속부분에는 발열체가 발생하는 열에 견디는 절연물을 삽입할 것 【답】②

55 전기온돌 등의 전열 장치를 시설할 때 발열선을 도로, 주차장 또는 조영물의 조영재에 고정시켜 시설하는 경우, 발열선에 전기를 공급하는 전로의 대지 전압은 몇 [V] 이하이어야 하는가?
① 150
② 300
③ 380
④ 440

해설 (KEC 241.12조) 도로 등의 전열 장치
발열선에 전기를 공급하는 전로의 대지 전압은 300[V] 이하일 것 【답】②

56 전자 개폐기의 조작 회로, 벨, 경보기 등의 전로로서 60[V] 이하의 소세력 회로용으로 사용하는 변압기의 1차 대지 전압 [V]의 최대 크기는?

① 100
② 150
③ 300
④ 600

해설 (KEC 241.14조) 소세력 회로
소세력 회로(小勢力回路)에 전기를 공급하기 위한 변압기는 절연변압기의 사용전압은 대지전압 300[V] 이하일 것

【답】③

57 소세력 회로의 최대 사용전압이 15[V]라면, 절연변압기의 2차 단락전류는 몇 [A] 이하이어야 하는가?

① 1
② 3
③ 5
④ 8

해설 (KEC 241.14조) 소세력 회로
2차 단락전류는 소세력 회로의 최대사용전압에 따라 다음 표에서 정한 값 이하일 것

소세력 회로의 최대 사용 전압의 구분	2차 단락 전류	과전류 차단기의 정격 전류
15[V] 이하	8[A]	5[A]
15[V] 초과 30[V] 이하	5[A]	3[A]
30[V] 초과 60[V] 이하	3[A]	1.5[A]

【답】④

58 전기 방식 시설을 할 때 전기 방식 회로의 사용전압은 직류 몇 [V] 이하이어야 하는가?

① 20
② 30
③ 50
④ 60

해설 (KEC 241.16조) 전기부식방지 시설
전기 부식 방지 회로의 사용전압은 직류 60[V] 이하일 것

【답】④

59 폭연성 분진 또는 화약류의 분말이 존재하는 곳의 저압 옥내배선은 어느 공사에 의하는가?

① 애자공사 또는 가요 전선관 공사
② 캡타이어 케이블 공사
③ 합성수지관 공사
④ 금속관 공사

해설 (KEC 242.2.1조) 폭연성 분진 위험장소
저압 옥내배선, 저압 관등 회로 배선, 소세력 회로의 전선은 금속관공사 또는 케이블공사(캡타이어 케이블을 사용하는 것 제외)에 의할 것

【답】④

60 소맥분, 전분 기타의 가연성 분진이 존재하는 곳의 저압 옥내배선으로 적합한 공사 방법은?

① 금속몰드 공사
② 가요전선관 공사
③ 금속덕트 공사
④ 케이블 공사

해설 (KEC 242.2.2조) 가연성 분진 위험장소
저압 옥내배선 등은 합성수지관공사(두께 2[mm] 미만의 합성수지 전선관 및 난연성이 없는 콤바인 덕트관을 사용하는 것 제외)·금속관공사 또는 케이블공사에 의할 것

【답】④

61 석유류를 저장하는 장소의 전등 배선에서 사용할 수 없는 방법은?

① 애자 공사 ② 케이블 공사
③ 금속관 공사 ④ 합성수지관 공사

해설 (KEC 242.4조) 위험물 등이 존재하는 장소
셀룰로이드・성냥・석유류 기타 타기 쉬운 위험한 물질을 제조하거나 저장하는 곳은 **금속관공사, 합성수지관공사, 케이블 공사**로 시설하여야 한다. 【답】①

62 ★★★★★ 전용 개폐기 또는 과전류 차단기에서 화약류 저장소의 인입구까지의 저압 배선은 어떻게 시설하는가?

① 애자공사에 의하여 시설한다. ② 합성수지관 공사에 의하여 가공으로 시설한다.
③ 케이블을 사용하여 가공으로 시설한다. ④ 케이블을 사용하여 지중 선로로 한다.

해설 (KEC 242.5.1조) 화약류 저장소에서 전기설비의 시설
화약류 저장소 안에는 전기설비를 시설하여서는 아니 된다. 다만, 백열전등이나 형광등 또는 이들에 전기를 공급하기 위한 전기설비를 시설하는 이외에 다음 각 호에 따라 시설하는 경우에는 그러하지 아니하다.
① 전로에 대지 전압은 300[V] 이하일 것
② 전기기계기구는 전폐형의 것일 것
③ 케이블을 전기기계기구에 인입할 때에는 인입구에서 케이블이 손상될 우려가 없도록 시설할 것
④ 화약류 저장소 안의 전기설비에 전기를 공급하는 전로에는 화약류 저장소 이외의 곳에 전용 개폐기 및 과전류 차단기를 각 극(과전류 차단기는 다선식 전로의 중성극을 제외한다.)에 취급자 이외의 자가 쉽게 조작할 수 없도록 시설하고 또한 전로에 지락이 생겼을 때에 자동적으로 전로를 차단하거나 경보하는 장치를 시설하여야 한다. 【답】④

63 전주 외등을 시설하는 경우 대지전압은 몇 [V] 이하인가?

① 150 ② 250
③ 300 ④ 400

해설 (KEC 234.10조) 전주외등 : 대지전압 300[V] 이하 【답】③

64 전기자동차의 충전장치의 충전 케이블 인출부는 옥외용의 경우 지면으로부터 몇 [m] 이상에 위치하여야 하는가?

① 0.3 ② 0.45
③ 0.6 ④ 1.2

해설 (KEC 241.17.3조) 전기자동차의 충전장치 시설
충전장치의 충전 케이블 인출부는 옥내용의 경우 지면으로부터 0.45[m] 이상 1.2[m] 이내에, **옥외용의 경우 지면으로부터 0.6[m] 이상**에 위치할 것 【답】③

65 의료 장소의 시설에서 그룹 1 및 그룹 2의 의료 IT 계통은 절연저항을 계측, 지시하는 절연감시 장치를 설치하여야 하며 이 때, 절연저항이 몇 [kΩ]까지 감소하면 표시설비 및 음향설비로 경보하여야 하는가?

① 10[kΩ] ② 30[kΩ]
③ 50[kΩ] ④ 100[kΩ]

해설 (KEC 242.10.3조) 의료장소의 안전을 위한 보호 설비
그룹 1 및 그룹 2의 의료 IT 계통의 절연저항을 계측, 지시하는 절연 감시장치를 설치하며, 절연저항이 **50[kΩ]**까지 감소하면 표시설비 및 음향설비로 경보 【답】③

66 의료장소 내의 접지 설비는 등전위본딩 바를 설치하여야 하는데, 인접하는 의료장소와의 바닥 면적 합계가 몇 [m²] 이하인 경우 등전위본딩 바를 공용으로 사용할 수 있는가?
① 50
② 80
③ 100
④ 120

해설 (KEC 242.10.4조) 의료장소 내의 접지 설비
등전위본딩 바 공용 : 인접하는 의료장소와의 바닥 면적 합계가 50[m²] 이하 　　　　　　【답】①

CHAPTER 06 고압·특고압 전기 설비

혼촉에 의한 위험방지시설·기계 기구시설·고압, 특고압 옥내배선

1. 혼촉에 의한 위험방지시설(KEC 322조)

(1) 고압 또는 특고압과 저압의 혼촉에 의한 위험방지 시설(KEC 322.1조)

① 고압전로 또는 특고압전로와 저압전로를 결합하는 변압기의 저압측의 중성점에는 접지공사
   가. 사용전압이 35[kV] 이하의 특고압전로로서 전로에 지락이 생겼을 때에 1초 이내에 자동적으로 이를 차단하는 장치가 되어 있는 것
   나. 특고압 가공전선로의 전로 이외의 특고압전로와 저압전로를 결합하는 경우에 계산된 접지저항 값이 10[Ω]을 넘을 때에는 접지저항 값이 10[Ω] 이하인 것
   다. 저압전로의 사용전압이 300[V] 이하인 경우에 그 접지공사를 변압기의 중성점에 하기 어려울 때에는 저압측의 1단자에 시행

② 변압기 시설장소마다 시행해야 함(단, 토지의 상황에 의하여 규정에 의한 접지저항 값을 얻기 어려운 경우, 인장강도 5.26[kN] 이상 또는 지름 4[mm] 이상의 가공 접지도체를 변압기의 시설장소로부터 200[m]까지 떼어놓을 수 있음)

③ 가공 공동지선
   가. 인장강도 5.26[kN] 이상 또는 지름 4[mm] 이상의 경동선 사용
   나. 접지공사는 각 변압기를 중심으로 하는 지름 400[m] 이내의 지역
   다. 대지 사이의 합성 전기저항 값은 1[km]를 지름으로 하는 지역 안마다 접지저항 값
   라. 각 접지도체를 가공 공동 지선으로부터 분리하였을 경우의 각 접지도체와 대지 사이의 전기저항 값 : 300[Ω] 이하

(2) 혼촉방지판이 있는 변압기에 접속하는 저압 옥외전선의 시설 등(KEC 322.2조)
고압전로 또는 특고압전로와 비접지식의 저압전로를 결합하는 변압기로서 그 고압권선 또는 특고압권선과 저압권선 간에 금속제의 혼촉방지판이 있고 또한 그 혼촉방지판에 접지공사를 한 것에 접속하는 저압전선을 옥외에 시설

① 저압전선은 1구내에만 시설
② 저압 가공전선로 또는 저압 옥상전선로의 전선은 케이블
③ 저압 가공전선과 고압 또는 특고압의 가공전선을 동일 지지물에 시설하지 아니할 것(단, 고압 가공전선로 또는 특고압 가공전선로의 전선이 케이블인 경우 제외)

(3) 특고압과 고압의 혼촉 등에 의한 위험방지 시설(KEC 322.3조)

① **사용전압의 3배 이하의 전압이 가해진 경우 방전 장치 시설**
(피뢰기를 고압전로의 모선의 각 상에 시설하는 경우 생략)

② 방전 장치에는 접지 공사

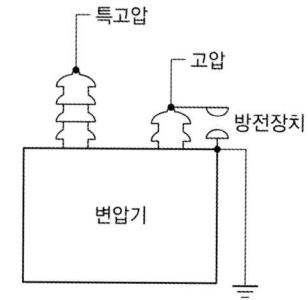

(4) 전로의 중성점의 접지(KEC 322.5조)

전로의 보호 장치의 확실한 동작의 확보, 이상 전압의 억제 및 대지전압의 저하를 위하여 특히 필요한 경우에 전로의 중성점에 접지공사

2. 기계, 기구 시설

(1) 특고압 배전용 변압기의 시설(KEC 341.2조)

① 1차 전압은 35[kV] 이하 2차 전압은 저압 또는 고압

② 특고압 측 : 개폐기 및 과전류 차단기 시설

(2) 특고압을 직접 저압으로 변성하는 변압기의 시설(KEC 341.3조)

① 전기로 등 전류가 큰 전기를 소비하기 위한 변압기

② 발전소·변전소·개폐소 또는 이에 준하는 곳의 소내용 변압기

③ 25[kV] 이하(중성선 다중접지식의 것) 특고압 전선로에 접속하는 변압기

④ 사용전압이 35[kV] 이하인 변압기로서 그 특고압측 권선과 저압측 권선이 혼촉한 경우에 자동적으로 변압기를 전로로부터 차단하기 위한 장치를 설치한 것

⑤ **사용전압이 100[kV] 이하인 변압기로서 그 특고압측 권선과 저압측 권선사이에 금속제의 혼촉방지 판이 있는 것(접지저항 값이 10[Ω] 이하인 것에 한함)**

⑥ 교류식 전기철도용 신호회로에 전기를 공급하기 위한 변압기

(3) 기계기구의 철대 및 외함의 접지(KEC 142.7조)

① 전로에 시설하는 기계기구의 철대 및 금속제 외함(외함이 없는 변압기 또는 계기용변성기는 철심)에는 접지공사

② 접지공사 생략

  가. 직류 300[V] 또는 교류 대지 전압 150[V] 이하의 기계기구를 건조한 장소에 시설
  나. 기계기구를 사람이 쉽게 접촉할 우려가 없는 목주 등의 위에 설치
  다. 2중 절연구조의 기계기구

라. 시험용 변압기, 전기로 등과 같이 절연하는 것이 기술적으로 곤란

마. **정격감도전류 30[mA] 이하, 동작시간 0.03초 이하의 전류 동작형 누전 차단기 설치**

바. 2차 전압 300[V] 이하, 정격 용량 3[kVA] 이하의 절연변압기를 사용하고 절연변압기의 부하측 전로를 접지하지 않은 경우

(4) 아크를 발생하는 기구의 시설(KEC 341.7조)

고압용 또는 특고압용의 개폐기·차단기·피뢰기 기타 이와 유사한 기구로서 동작 시 아크가 생기는 것

① **고압용 : 1[m] 이상 이격**

② 특고압용 : 2[m] 이상 이격(사용전압이 35[kV] 이하의 특고압용의 기구 등으로서 동작할 때에 생기는 아크의 방향과 길이를 화재가 발생할 우려가 없도록 제한하는 경우에는 1[m] 이상)

(5) 개폐기의 시설(KEC 341.9조)

① 전로 중에 개폐기를 각 극에 설치

② 고압용 또는 특고압용의 개폐기 : 그 작동에 따라 그 개폐상태를 표시하는 장치

중력 등에 의하여 작동할 우려가 있는 것은 자물쇠장치

③ 고압용 또는 특고압용의 개폐기로서 부하전류를 차단하기 위한 것이 아닌 개폐기 : 부하전류가 통하고 있을 경우에는 개로할 수 없도록 시설(단, 개폐기를 조작하는 곳의 보기 쉬운 위치에 부하전류의 유무를 표시한 장치 또는 전화기 기타의 지령 장치를 시설하거나 터블렛 등을 사용함으로서 부하전류가 통하고 있을 때에 개로조작을 방지하기 위한 조치를 하는 경우는 예외)

④ 전로에 이상이 생겼을 때 자동적으로 전로를 개폐하는 장치를 시설하는 경우에는 그 개폐기의 자동 개폐 기능에 장해가 생기지 않도록 시설할 것

(6) **고압 및 특고압 전로 중의 과전류차단기의 시설**(KEC 341.10조)

- 고압용 퓨즈

① 포장 퓨즈 : 정격 전류의 1.3배 견디고 2배의 전류 120분 안에 용단

② 비포장 퓨즈 : 정격 전류의 1.25배 견디고 2배의 전류 2분 안에 용단

(7) 과전류차단기의 시설 제한(KEC 341.11조)

① 접지 공사의 접지도체

② 다선식 전로의 중성선

③ 전로의 일부에 접지 공사를 한 저압 가공전선로의 접지측 전선

(8) **피뢰기의 시설장소**(KEC 341.13조)

① 발전소·변전소 또는 이에 준하는 장소의 가공전선 인입구 및 인출구

② 특고압 가공전선로에 접속하는 배전용 변압기의 고압 측 및 특고압 측

③ 고압 및 특고압 가공전선로로부터 공급을 받는 수용장소의 인입구

④ 가공전선로와 지중 전선로가 접속되는 곳

(9) 피뢰기의 접지(KEC 341.14조)

고압 및 특고압의 전로에 시설하는 피뢰기 접지저항 값 : 10[Ω] 이하

3. 고압, 특고압 옥내배선

(1) 고압 옥내배선(KEC 342.1조)

① 케이블 공사, 애자사용공사, 케이블 트레이 공사

② 애자사용공사에 의한 고압 옥내배선

가. 전선 : 6[㎟] 이상의 연동선, 특고압 절연전선, 인하용 고압 절연전선

나. 전선 상호의 간격 : 0.08[m] 이상

다. 전선과 조영재의 이격거리 : 0.05[m] 이상

라. 전선의 지지점간 거리 : 6[m] 이하(단, 조영재면을 따라 시설은 2[m] 이하)

마. 이격거리
- 고압 옥내배선과 고압 옥내배선과 저압 옥내전선·관등 회로 배선·약전류 전선 수관·가스관 : 0.15[m] 이상
- 저압 옥내전선이 나전선 : 0.3[m] 이상
- 가스계량기, 가스관의 이음부, 전력량계, 개폐기 : 0.6[m] 이상

(2) 옥내 고압용 이동전선의 시설(KEC 342.2조)

전선 : 고압용의 캡타이어케이블

(3) 특고압 옥내배선(케이블)(KEC 342.4조)

① 사용전압 : 100[kV] 이하(케이블트레이공사 35[kV] 이하)

② 관 기타의 케이블 넣는 방호 장치의 금속제 부분 : 접지공사

③ 특고압 옥내배선과 저압 옥내전선·관등회로의 배선 또는 고압 옥내전선 사이 이격거리
 : 0.6[m] 이상

이론 요약

1. 혼촉에 의한 위험 방지

① 고압 또는 특고압전로와 저압전로를 결합하는 변압기의 저압측의 중성점에 접지공사

- 접지공사는 변압기의 시설장소마다 시행
  - 지름 4[mm] 이상의 가공 접지도체를 시설 : 변압기 시설장소로부터 200[m]
- 가공공동지선 설치
  - 지름 4[mm] 이상의 경동선
  - 접지공사는 각 변압기를 중심으로 하는 지름 400[m] 이내의 지역
  - 합성 전기저항 값 : 1[km]를 지름으로 하는 지역
  - 각 접지도체를 가공공동지선으로부터 분리 :
    각 접지도체와 대지 사이의 전기저항 값은 300[Ω] 이하

② 혼촉방지판이 있는 변압기

- 금속제 혼촉방지판(접지공사)
- 저압 : 1구내에만 시설
- 케이블

③ 특고압 전로에 결합되는 고압전로에는 사용전압의 3배 이하인 전압

- 방전장치 : 변압기의 단자에 가까운 1극에 설치하고 접지공사

④ 전로의 중성점의 접지

- 목적 : 보호 장치의 확실한 동작 확보, 이상 전압의 억제, 대지전압의 저하
- 접지도체 : 16[mm²] 이상의 연동선(저압 전로 중성점 : 공칭단면적 6[mm²] 이상의 연동선)

2. 기계 및 기구 시설

① 특고압 배전용 변압기 : 1차 전압은 35[kV] 이하, 2차 전압은 저압, 고압

- 특고압측 : 개폐기, 과전류 차단기 시설

② 고주파 이용 설비(누설되는 고주파 전류의 허용한도)

- 측정값의 최대값에 대한 평균값 : −30[dB]

③ 접지공사 생략

- 사용전압이 직류 300[V] 또는 교류 대지전압이 150[V] 이하인 기계기구를 건조한 곳에 시설(저압용이나 고압용의 기계기구를 사람이 쉽게 접촉할 우려가 없도록 목주 기타 이와 유사한 것의 위에 시설하는 경우)
- 절연대를 설치
- 2중 절연구조로 되어 있는 기계기구

- 인체감전보호용 누전차단기(정격감도전류가 30[mA] 이하, 동작시간이 0.03초 이하의 전류동작형에 한함)를 시설하는 경우

  ④ 아크를 발생하는 기구의 시설 : 고압용 : 1[m] 이상, 특고압용 : 2[m] 이상

  ⑤ 고압의 기계기구 시설 : 시가지 4.5[m] 이상, 시가지외 : 4[m] 이상

3. 개폐기 및 과전류차단기 시설

① 고압전로 과전류차단기의 시설 (고압용 퓨즈)

- 포장 퓨즈 : 정격 전류의 1.3배 견디고 2배의 전류 120분 안에 용단
- 비포장 퓨즈 : 정격 전류의 1.25배 견디고 2배의 전류 2분 안에 용단

② 과전류차단기의 시설 제한

- 접지공사의 접지도체
- 다선식 전로의 중성선
- 전로의 일부에 접지공사를 한 저압 가공전선로의 접지측 전선

③ 피뢰기의 시설

- 발전소·변전소 또는 이에 준하는 장소의 가공전선 인입구 및 인출구
- 가공전선로에 접속하는 배전용 변압기의 고압측 및 특고압측
- 고압 및 특고압 가공전선로로부터 공급을 받는 수용장소의 인입구
- 가공전선로와 지중전선로가 접속되는 곳

④ 피뢰기의 접지공사(10[Ω] 이하)

4. 고압, 특고압 옥내배선

① 고압 옥내배선

- 케이블공사, 애자사용공사(건조하고 전개된 장소), 케이블트레이공사
- 전선 : 6[㎟] 이상의 연동선, 특고압 절연전선, 인하용 고압 절연전선
- 고압 옥내배선과 다른 고압 옥내배선·저압 옥내전선·관등회로 배선·약전류 전선 등 또는 수관·가스관 이격거리 : 0.15[m] 이상

② 특고압 옥내배선

- 사용전압 : 100[kV] 이하(케이블트레이공사 35[kV] 이하)

CHAPTER 06 필수 기출문제

꼭! 나오는 문제만 간추린

01 고압전로 또는 특고압전로와 저압전로를 결합하는 변압기의 저압측의 중성점에 접지를 한 경우, 가공 공동 지선과 대지 간의 합성 전기저항 값은 몇 [m]를 지름으로 하는 지역마다 규정하는 접지저항 값을 가지는 것으로 하여야 하는가?

① 400 ② 600
③ 800 ④ 1,000

해설 (KEC 322.1조) 고압 또는 특고압과 저압의 혼촉에 의한 위험방지 시설
가공 공동 지선과 대지 사이의 합성 전기저항 값은 **1[km]를 지름으로 하는 지역 안마다** 변압기 중성점 접지 공사의 접지저항 값을 가지는 것으로 할 것 【답】④

02 접지 공사를 한 가공 접지도체를 사용하여 변압기의 시설 장소로부터 몇 [m]까지 떼어 놓을 수 있는가?

① 50[m] ② 100[m]
③ 150[m] ④ 200[m]

해설 (KEC 322.1조) 고압 또는 특고압과 저압의 혼촉에 의한 위험방지 시설
접지 공사는 변압기의 시설 장소마다 시행하여야 한다. 다만, 토지의 상황에 의하여 변압기의 시설 장소에서 규정하는 접지저항 값을 얻기 어려운 경우에 인장강도 5.26[kN] 이상 또는 지름 4[mm] 이상의 가공 접지도체를 저압 가공전선에 관한 규정에 준하여 시설할 때에는 변압기의 시설 장소로부터 **200[m]**까지 떼어 놓을 수 있다. 【답】④

03 고압과 비접지식의 저압이 결합된 변압기로 혼촉 방지판이 붙어 있고, 또한 이 혼촉 방지판이 접지 공사가 되었다. 저압 전선을 옥외에 시설할 때에 기술기준에 위반되는 사항은?

① 저압 전선은 1구내에만 시설한다.
② 저압 가공 전선은 케이블을 사용한다.
③ 고 · 저압을 병행설치 할 때는 그 어느 한쪽이 케이블로 되어야 한다.
④ 고 · 저압을 병행설치 할 때는 고 · 저압 다 같이 케이블로 되어야 한다.

해설 (KEC 322.2조) 혼촉방지판이 있는 변압기에 접속하는 저압 옥외전선의 시설 등
고압 전로 또는 특고압 전로와 비접지식의 저압 전로를 결합하는 변압기로서 그 고압 권선 또는 특고압 권선과 저압 권선 간에 금속제의 혼촉 방지판(混觸防止板)이 있고 또한 그 혼촉 방지판에 접지 공사를 한 것에 접속하는 저압 전선을 옥외에 시설할 때
① 저압 전선은 1구내에만 시설할 것
② 저압 가공전선로 또는 저압 옥상 전선로의 전선은 케이블일 것
③ 저압 가공전선과 고압 또는 특고압의 가공전선을 동일 지지물에 시설하지 아니할 것. 다만, 고압 가공전선로 또는 특고압 가공전선로의 전선이 케이블인 경우에는 그러하지 아니하다. 【답】③

04 변압기로서 특고압과 결합되는 고압 전로의 혼촉에 의한 위험 방지 시설로 옳은 것은?

① 프라이머리 컷 아웃 스위치 장치
② 접지저항 값이 20[Ω]인 혼촉방지판

③ 퓨즈

④ 사용전압 3배의 전압에서 방전하는 방전 장치

해설 (KEC 322.3조) 특고압과 고압의 혼촉 등에 의한 위험방지 시설
변압기에 의하여 특고압 전로에 결합되는 고압 전로에는 사용전압의 3배 이하인 전압이 가하여진 경우에 방전하는 장치를 그 변압기의 단자에 가까운 1극에 설치하여야 한다. 【답】 ④

05 변압기에 의하여 특고압 전로에 결합되는 고압 전로에는 어느 전압의 3배 이하에서 방전하는 장치를 변압기의 단자에 가까운 1극에 시설하여야 하는가?

① 최대 전압
② 최저 전압
③ 정격 전압
④ 사용 전압

해설 (KEC 322.3조) 특고압과 고압의 혼촉 등에 의한 위험방지 시설
변압기에 의하여 특고압 전로에 결합되는 고압 전로에는 **사용전압의 3배 이하인 전압**이 가하여진 경우에 방전하는 장치를 그 변압기의 단자에 가까운 1극에 설치하여야 한다. 【답】 ④

06 특고압 전선로에 접속하는 배전용 변압기의 1차 전압은 몇 [V] 이하이어야 하는가?

① 35,000
② 30,000
③ 25,000
④ 20,000

해설 (KEC 341.2조) 특고압 배전용 변압기의 시설
변압기의 1차 전압은 35[kV] 이하, 2차 전압은 저압 또는 고압일 것 【답】 ①

07 ★★★★★ 특고압을 직접 저압으로 변성하는 변압기를 시설할 수 없는 것은?

① 교류식 전기철도용 신호회로에 전기를 공급하기 위한 변압기
② 전기로 등 전류가 큰 전기를 소비하기 위한 변압기
③ 발전소 변전소 개폐소 또는 이에 준하는 곳의 소내용 변압기
④ 사용전압 100[kV]를 초과하는 변압기로서 특고압측과 저압측 권선사이에 접지공사를 한 금속제의 혼촉방지판이 없는 것

해설 (KEC 341.3조) 특고압을 직접 저압으로 변성하는 변압기의 시설
특고압을 직접 저압으로 변성하는 변압기는 다음의 것 이외에는 시설하여서는 아니된다.
① 전기로 등 전류가 큰 전기를 소비하기 위한 변압기
② 발전소·변전소·개폐소 또는 이에 준하는 곳의 소내용 변압기
③ 특고압 전선로에 접속하는 변압기
④ 사용전압이 35[kV] 이하인 변압기로서 그 특고압측 권선과 저압측 권선이 혼촉한 경우에 자동적으로 변압기를 전로로부터 차단하기 위한 장치를 설치한 것
⑤ **사용전압이 100[kV] 이하인** 변압기로서 그 특고압측 권선과 저압측 권선사이에 접지공사(접지저항 값이 10[Ω] 이하인 것)를 한 금속제의 혼촉방지판이 **있는 것**
⑥ 교류식 전기철도용 신호회로에 전기를 공급하기 위한 변압기 【답】 ④

08 고주파 이용 설비에 누설되는 고주파 전류의 허용값[dB]은?

① 20
② -20
③ -30
④ 30

해설 (KEC 341.5조) 고주파 이용 전기설비의 장해방지
고주파 이용 설비에서 다른 고주파 이용 설비에 누설되는 고주파 전류의 허용 한도는 측정값의 최대값에 대한 평균값이 **-30[dB]**(1[mW]를 0[dB]로 한다)일 것 【답】 ③

09 전로에 시설하는 기계기구 중에서 외함 접지 공사를 생략할 수 없는 경우는?
① DC 300[V] 또는 AC 150[V] 이하인 기계기구가 건조한 장소에 시설된 경우
② 철대 또는 외함의 주위에 절연대를 시설한 경우
③ 220[V]의 모발 건조기를 2중 절연하여 시설하는 경우
④ 정격감도전류 20[mA], 동작시간이 0.5초인 전류 동작형의 인체 감전 보호용 누전 차단기를 시설하는 경우

해설 (KEC 142.7조) 기계기구의 철대 및 외함의 접지
다음 각 호의 어느 하나에 해당하는 경우에는 접지 규정에 따르지 않고 생략할 수 있다.
① 사용전압이 직류 300[V] 또는 교류 대지 전압이 150[V] 이하인 기계기구를 건조한 곳에 시설하는 경우
② 철대 또는 외함의 주위에 적당한 절연대를 설치하는 경우
③ 「전기용품안전 관리법」의 적용을 받는 2중 절연구조로 되어 있는 기계기구를 시설하는 경우
④ 물기 있는 장소 이외의 장소에 시설하는 저압용의 개별 기계기구에 전기를 공급하는 전로에 「전기용품안전 관리법」의 적용을 받는 인체감전 보호용 누전 차단기(정격감도 전류가 30[mA] 이하, 동작시간이 0.03초 이하의 전류 동작형에 한한다)를 시설하는 경우
【답】 ④

10 고압용의 개폐기, 차단기, 피뢰기 기타 이와 유사한 기구로서 동작 시에 아크가 생기는 것은 목재의 벽 또는 천장 기타의 가연성 물체로부터 몇 [m] 이상 떼어 놓아야 하는가?
① 1　　② 0.8
③ 0.5　　④ 0.3

해설 (KEC 341.7조) 아크를 발생하는 기구의 시설
고압용 또는 특고압용의 개폐기・차단기・피뢰기 기타 이와 유사한 기구(이하 이 조에서 "기구 등"이라 한다)로서 동작 시에 아크가 생기는 것은 목재의 벽 또는 천장 기타의 가연성 물체로부터 표에서 정한 값 이상 떼어 놓아야 한다.

기구 등의 구분	이격거리
고압용의 것	1[m] 이상
특고압용의 것	2[m] 이상(사용전압이 35[kV] 이하의 특고압용의 기구 등으로서 동작할 때에 생기는 아크의 방향과 길이를 화재가 발생할 우려가 없도록 제한하는 경우에는 1[m] 이상)

【답】 ①

11 사용전압이 35[kV] 초과인 특고압용 차단기가 동작 시에 아크가 생기는 경우 목재의 벽 또는 천장 기타의 가연성 물체로부터 몇 [m] 이상 이격하여 시설해야 하는가?
① 1　　② 1.5　　③ 2　　④ 0.5

해설 (KEC 341.7조) 아크를 발생하는 기구의 시설
고압용 또는 특고압용의 개폐기・차단기・피뢰기 기타 이와 유사한 기구로서 동작 시에 아크가 생기는 것은 목재의 벽 또는 천장 기타의 가연성 물체로부터 고압용 1[m], **특고압용 2[m] 이상**(사용전압이 35[kV] 이하의 특고압용의 기구 등으로서 동작할 때에 생기는 아크의 방향과 길이를 화재가 발생할 우려가 없도록 제한하는 경우에는 1[m] 이상) 이격하여 시설한다.
【답】 ③

12 고압용 또는 특고압용 단로기로서 부하전류의 차단을 방지하기 위한 조치가 아닌 것은?
① 단로기의 조작 위치에 부하전류 유무 표시
② 단로기 설치 위치의 1차 측에 방전 장치 시설
③ 단로기의 조작 위치에 전화기 기타의 지령 장치 시설
④ 터블렛 등을 사용함으로써 부하전류가 통하고 있을 때에 개로 조작을 방지하기 위한 조치

해설 (KEC 341.9조) 개폐기의 시설
고압용 또는 특고압용의 개폐기로서 부하전류를 차단하기 위한 것이 아닌 개폐기는 부하전류가 통하고 있을 경우에는 개로(開路)할 수 없도록 시설하여야 한다. 다만, 개폐기를 조작하는 곳의 보기 쉬운 위치에 부하전류의 유무를 표시한 장치 또는 전화기 기타의 지령 장치를 시설하거나 터블렛 등을 사용함으로서 부하전류가 통하고 있을 때에 개로 조작을 방지하기 위한 조치를 하는 경우는 그러하지 아니하다. 【답】②

13 ★★★★★ 고압용 또는 특고압용 개폐기의 시설에 있어서 법규상의 규정이 아닌 사항은?
① 그 동작에 따라 개폐 상태를 표시하는 장치를 가져야 한다.
② 중력 등에 의하여 자연히 작동할 우려가 있는 것은 자물쇠 장치 등이 있어야 한다.
③ 고압용 또는 특고압용이라는 위험 표시를 하여야 한다.
④ 부하 전로를 차단하기 위한 것이 아닌 단로기 등은 부하전류가 통하고 있을 경우에 개로될 수 없도록 시설한다.

해설 (KEC 341.9조) 개폐기의 시설
① 고압용 또는 특고압용의 개폐기는 그 작동에 따라 그 개폐 상태를 표시하는 장치가 되어 있는 것이어야 한다. 다만, 그 개폐 상태를 쉽게 확인할 수 있는 것은 그러하지 아니하다.
② 고압용 또는 특고압용의 개폐기로서 중력 등에 의하여 자연히 작동할 우려가 있는 것은 자물쇠 장치 기타 이를 방지하는 장치를 시설하여야 한다.
③ 고압용 또는 특고압용의 개폐기로서 부하전류를 차단하기 위한 것이 아닌 개폐기는 부하전류가 통하고 있을 경우에는 개로(開路)할 수 없도록 시설하여야 한다. 【답】③

14 과전류 차단기로 시설하는 퓨즈 중 고압 전로에 사용하는 비포장 퓨즈는 정격 전류의 몇 배의 전류로 몇 분 안에 용단되는 것이어야 하는가?
① 1.25배로 10분 ② 1.45배로 5분
③ 2배로 1분 ④ 2배로 2분

해설 (KEC 341.10조) 고압 및 특고압 전로 중의 과전류차단기의 시설
과전류 차단기로 시설하는 퓨즈 중 고압 전로에 사용하는 **비포장 퓨즈**는 정격 전류의 1.25배의 전류에 견디고 또한 **2배의 전류로 2분 안에 용단**되는 것이어야 한다. 【답】④

15 ★★★★★ 과전류 차단기로 시설하는 퓨즈 중 고압전로에 사용하는 포장 퓨즈의 특성에 해당되는 것은?
① 정격 전류의 1.3배의 전류에 견디고, 2배의 전류로 120분 안에 용단되는 것이어야 한다.
② 정격 전류의 1.25배의 전류에 견디고, 2배의 전류로 120분 안에 용단되는 것이어야 한다.
③ 정격 전류의 1.3배의 전류에 견디고, 2배의 전류로 2분 안에 용단되는 것이어야 한다.
④ 정격 전류의 1.25배의 전류에 견디고, 2배의 전류로 2분 안에 용단되는 것이어야 한다.

해설 (KEC 341.10조) 고압 및 특고압 전로 중의 과전류 차단기의 시설
포장 퓨즈 : **1.3배의 전류에 견디고 또한 2배의 전류로 120분 안에 용단** 【답】①

16 고압 또는 특고압 전로 중 기계기구 및 전선을 보호하기 위하여 필요한 곳에는 무엇을 시설하여야 하는가?
① 영상 변류기 ② 과전류 차단기
③ 콘덴서형 변성기 ④ 지락 차단기

해설 (KEC 341.10조) 고압 및 특고압 전로 중의 과전류 차단기의 시설
고압 또는 특고압 전로 중 기계기구 및 전선을 보호하기 위하여 필요한 곳에는 과전류 차단기를 시설하여야 한다. 【답】②

17 전로의 중성점을 접지하는 목적에 해당되지 않는 것은 어느 것인가?
① 보호 장치의 확실한 동작의 확보
② 부하전류의 일부를 대지로 흐르게 함으로써 전선을 절약
③ 이상 전압의 억제
④ 대지 전압의 저하

해설 (KEC 322.5조) 전로의 중성점의 접지
- 전로의 보호 장치의 확실한 동작의 확보
- 이상 전압의 억제
- 대지 전압의 저하

【답】②

18 고압 및 특고압의 전로에 시설하는 피뢰기 접지저항 값은 몇 [Ω] 이하로 하여야 하는가?(단, 주어지지 않은 조건은 고려하지 않는다)
① 10
② 20
③ 30
④ 50

해설 (KEC 341.14조) 피뢰기의 접지
고압 및 특고압의 전로에 시설하는 피뢰기 접지저항 값은 10[Ω] 이하로 하여야 한다.

【답】①

19 피뢰기를 설치하지 않아도 되는 곳은?
① 발·변전소의 가공 전선 인입구 및 인출구
② 가공 전선로의 말구 부분
③ 가공 전선로에 접속한 1차 측 전압이 35[kV] 이하인 배전용 변압기의 고압 측 및 특고압 측
④ 특고압 가공 전선로로부터 공급을 받는 수용장소의 인입구

해설 (KEC 341.13조) 피뢰기의 시설
고압 및 특고압의 전로 중 다음 각 호에 열거하는 곳 또는 이에 근접한 곳에는 피뢰기를 시설하여야 한다.
① 발전소·변전소 또는 이에 준하는 장소의 가공전선 인입구 및 인출구
② 가공전선로에 접속하는 배전용 변압기의 고압 측 및 특고압 측
③ 고압 및 특고압 가공전선로로부터 공급을 받는 수용장소의 인입구
④ 가공전선로와 지중 전선로가 접속되는 곳

【답】②

20 고압 옥내배선의 시설 방법으로 할 수 없는 것은?(단, 전개된 건조한 장소이다)
① 케이블공사
② 케이블트레이공사
③ 애자사용공사
④ 가요전선관공사

해설 (KEC 342.1조) 고압 옥내배선 등의 시설
① 애자사용공사(건조한 장소로서 전개된 장소에 한한다)
② 케이블공사
③ 케이블트레이공사

【답】④

21 절연전선을 사용하는 고압 옥내배선을 애자공사에 의하여 조영재 면에 따라 시설하는 경우에 전선 지지점 간의 거리는 몇 [m] 이하이어야 하는가?
① 5
② 4
③ 3
④ 2

해설 (KEC 342.1조) 고압 옥내배선 등의 시설
애자공사에 의한 고압 옥내배선은 다음에 의하고, 또한 사람이 접촉할 우려가 없도록 시설할 것
- 전선의 지지점 간의 거리는 6[m] 이하일 것. 다만, 전선을 **조영재의 면을 따라 붙이는 경우에는 2[m] 이하**이어야 한다.

【답】④

22
고압 옥내배선을 애자 공사에 의하여 가공으로 시설하는 경우, 전선 상호의 간격은 몇 [m] 이상인가?

① 0.02 ② 0.015
③ 0.06 ④ 0.08

해설 (KEC 342.1조) 고압 옥내배선 등의 시설
전선 상호 간의 간격은 0.08[m] 이상

【답】④

23
애자공사의 고압 옥내배선과 수도관의 최소 이격거리[m]는?

① 0.1 ② 0.15
③ 0.3 ④ 0.6

해설 (KEC 342.1조) 고압 옥내배선 등의 시설
고압 옥내배선이 다른 고압 옥내배선·저압 옥내전선·관등 회로의 배선·약전류 전선 등 또는 수관·가스관이나 이와 유사한 것과 접근하거나 교차하는 경우에는 고압 옥내배선과 다른 고압 옥내배선·저압 옥내전선·관등 회로의 배선·약전류 전선 등 또는 **수관·가스관이나 이와 유사한 것 사이의 이격거리는 0.15[m]** (애자공사에 의하여 시설하는 저압 옥내전선이나 전선인 경우에는 0.3[m], 가스계량기 및 가스관의 이음부와 전력량계 및 개폐기와는 0.6[m]) 이상이어야 한다.

【답】②

24
옥내에 시설하는 고압의 이동 전선은?

① 2.5[mm] ② 비닐 캡타이어 케이블
③ 고압용 캡타이어 케이블 ④ 600[V] 고무 절연전선

해설 (KEC 342.2조) 옥내 고압용 이동전선의 시설
옥내에 시설하는 고압의 이동 전선은 고압용의 캡타이어 케이블일 것

【답】③

25
특고압 옥내 전기설비를 시설할 때 사용전압은 몇 [kV] 이하인가?(단, 케이블트레이공사로 시설하는 경우가 아니다)

① 100 ② 170
③ 250 ④ 345

해설 (KEC 342.4조) 특고압 옥내 전기설비의 시설
사용전압은 100[kV] 이하(케이블트레이공사에 의하여 시설하는 경우 35[kV] 이하)

【답】①

CHAPTER 07 전기 철도

1. 용어정의(KEC 402조)

(1) 전기철도 : 전기를 공급받아 열차를 운행하여 여객(승객)이나 화물을 운송하는 철도
(2) 전기철도설비 : 전철 변전설비, 급전설비, 부하설비(전기철도차량 설비 등)로 구성
(3) 전기철도차량 : 전기적 에너지를 기계적 에너지로 바꾸어 열차를 견인하는 차량. 전기방식에 따라 직류, 교류, 직·교류 겸용, 성능에 따라 전동차, 전기기관차로 분류
(4) 궤도 : 레일·침목 및 도상과 이들의 부속품으로 구성된 시설

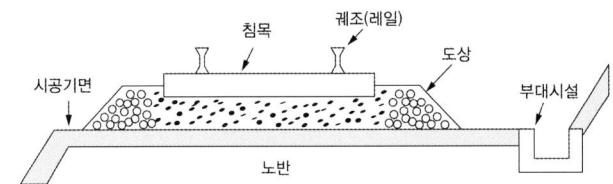

(5) 차량 : 전동기가 있거나 또는 없는 모든 철도의 차량(객차, 화차 등)
(6) 열차 : 동력차에 객차, 화차 등을 연결하고 본선을 운전할 목적으로 조성된 차량
(7) 레일 : 철도에 있어서 차륜을 직접 지지하고 안내해서 차량을 안전하게 주행시키는 설비
(8) **전차선** : 전기철도차량의 집전장치와 접촉하여 전력을 공급하기 위한 전선
(9) 전차선로 : 전기철도차량에 전력을 공급하기 위하여 선로를 따라 설치한 시설물. 전차선, 급전선, 귀선과 그 지지물 및 설비를 총괄한 것
(10) **급전선** : 전기철도차량에 사용할 전기를 변전소로부터 합성전차선에 공급하는 전선
(11) 급전선로 : 급전선 및 이를 지지하거나 수용하는 설비를 총괄한 것
(12) 급전방식 : 전기철도차량에 전력을 공급하기 위하여 변전소로부터 급전선, 전차선, 레일, 귀선으로 구성되는 전력공급방식
(13) 조가선 : 전차선이 레일면상 일정한 높이를 유지하도록 행어이어, 드로퍼 등을 이용하여 전차선 상부에서 조가하여 주는 전선

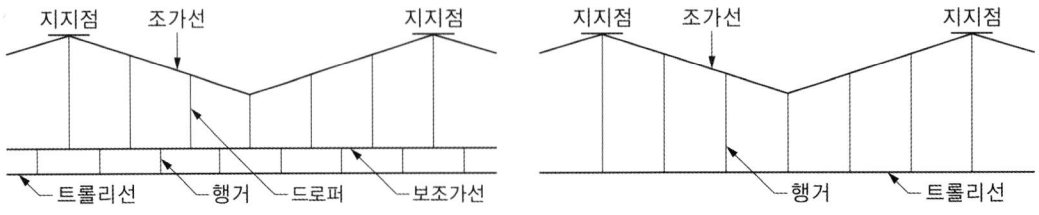

(14) 귀선회로 : 전기철도차량에 공급된 전력을 변전소로 되돌리기 위한 귀로
(15) 누설전류 : 전기철도에 있어서 레일 등에서 대지로 흐르는 전류

(16) 전철변전소 : 외부로부터 공급된 전력을 구내에 시설한 변압기, 정류기 등 기타의 기계 기구를 통해 변성하여 전기철도차량 및 전기철도설비에 공급하는 장소

2. 전기철도의 전기방식(KEC 410조)

(1) 전력수급조건(공칭전압(수전전압))

공칭전압(수전전압)[kV]	교류 3상 22.9, 154, 345

(2) 전차선로의 전압
  ① 직류방식 : 공칭전압 750[V], 1,500[V]
  ② 교류방식 : 공칭전압 25,000[V], 50,000[V]

3. 전기철도의 변전방식(KEC 420조)

(1) 변전소의 용량 : 급전구간별 정상적인 열차부하조건에서 **1시간 최대출력** 또는 **순시 최대출력을 기준**으로 결정

(2) **급전용변압기**
  ① **직류 전기철도의 경우 3상 정류기용 변압기**
  ② **교류 전기철도의 경우 3상 스코트결선 변압기**

(3) 제어용 교류전원 : 상용과 예비의 2계통으로 구성

(4) 제어반 : 디지털계전기방식

4. 전기철도의 전차선로(KEC 430조)

(1) 전차선 가선 방식 : 열차의 속도 및 노반의 형태, 부하전류 특성에 따라 분류

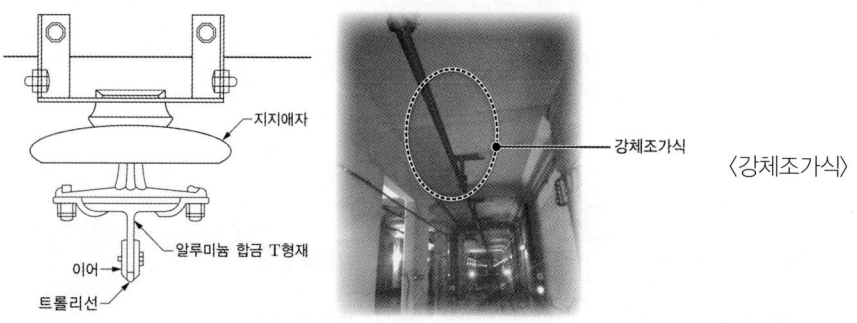

〈강체조가식〉

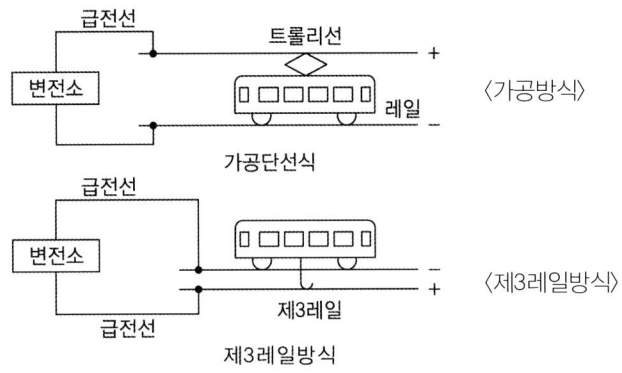

시스템 종류	공칭전압[V]	동적[mm]		정적[mm]	
		비오염	오염	비오염	오염
직류	750	25	25	25	25
	1,500	100	110	150	160
단상교류	25,000	170	220	270	320

〈 전차선로의 충전부와 건조물 간의 절연이격 〉

(2) 급전선로

① 나전선을 적용하여 가공식으로 가설
   케이블 사용 : 이격거리가 충분하지 않거나 지락, 섬락 등의 우려가 있을 경우

② 가공식 : 전차선의 높이 이상으로 전차선로 지지물에 병가
   나전선의 접속은 직선접속

(3) 귀선로

① 구성 : 비절연보호도체, 매설접지도체, 레일

② 접속법 : 단권변압기 중성점과 공통접지에 접속

(4) 전차선 및 급전선의 최소 높이

시스템 종류	공칭전압[V]	동적[mm]	정적[mm]
직류	750	4,800	4,400
	1,500	4,800	4,400
단상교류	25,000	4,800	4,570

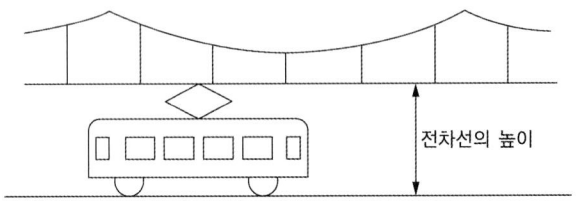

(5) 전차선의 기울기 : 해당 구간의 열차 통과 속도

설계속도 V[km/시간]	속도등급	기울기(천분율)
300 < V ≤ 350	350킬로급	0
250 < V ≤ 300	300킬로급	0
200 < V ≤ 250	250킬로급	1
150 < V ≤ 200	200킬로급	2
120 < V ≤ 150	150킬로급	3
70 < V ≤ 120	120킬로급	4
V ≤ 70	70킬로급	10

(6) 전차선로 설비의 안전율

① 합금전차선 : 2.0 이상

② 경동선 : 2.2 이상

③ 조가선 및 조가선 장력을 지탱하는 부품 : 2.5 이상

④ 지지물 기초 : 2.0 이상

5. 전기철도의 원격감시제어설비(KEC 435조)

원격감시제어시스템(SCADA) : 열차의 안전운행과 현장 전철전력설비의 유지보수를 위하여 제어, 감시 대상, 수준, 범위 및 확인, 운용방법 등을 고려

6. 전기철도의 전기철도차량 설비(KEC 440조)

(1) 전기철도차량의 역률

전기철도차량이 전차선로와 접촉한 상태에서 견인력을 끄고 보조전력을 가동한 상태로 정지해 있는 경우 : 가공 전차선로의 유효전력이 200[kW] 이상일 경우 총 역률은 0.8보다 클 것

(2) 회생제동

① 다음의 경우 회생제동 사용 중단
- 전차선로 지락 발생
- 전차선로에서 전력을 받을 수 없는 경우

② 다른 전기장치에서 흡수할 수 없는 경우 전기철도차량은 다른 제동시스템으로 전환

③ 회생제동이 비상용제동으로 사용이 가능하고 독립적으로 전력을 운영할 수 있도록 설계

7. 전기철도의 설비를 위한 보호(KEC 450조)

① 사고 또는 고장의 파급을 방지하기 위해 사고전류를 검출하고 신속하고 순차적으로 차단할 수 있는 보호시스템 구성(설비계통 전반의 보호협조 되도록)
② 보호계전방식 : 신뢰성, 선택성, 협조성, 적절한 동작, 양호한 감도, 취급 및 보수점검 용이
③ 급전선로 보호계전방식에 자동재폐로 기능 : 안정도 향상, 자동 복구, 정전시간 감소 목적
④ 전차선로용 애자를 섬락사고로부터 보호하고 접지전위 상승 억제 위해 보호설비 구비
⑤ 피뢰기 설치 : 가공 선로측에서 발생한 지락 및 사고전류의 파급 방지

8. 전기철도의 안전을 위한 보호(KEC 460조)

(1) 레일 전위의 위험에 대한 보호
고장 조건에서의 접촉전압 또는 정상 운전조건에서의 접촉전압으로 구분

① 교류 전기철도 급전시스템의 최대 허용 접촉전압

시간조건[초]	최대 허용 접촉전압(실효값)[V]
순시조건($t \leq 0.5$)	670
일시적 조건($0.5 < t \leq 300$)	65
영구적 조건($t > 300$)	60

단, 작업장과 유사한 장소 : 최대 허용 접촉전압을 25[V](실효값) 초과금지

② 직류 전기철도 급전시스템에서의 최대 허용 접촉전압

시간조건[초]	최대 허용 접촉전압(실효값)
순시조건($t \leq 0.5$)	535[V]
일시적 조건($0.5 < t \leq 300$)	150[V]
영구적 조건($t > 300$)	120[V]

단, 작업장과 유사한 장소 : 최대 허용 접촉전압을 60[V] 초과금지

(2) 전기 부식 방지대책
전기 부식 : 주행레일을 귀선으로 이용하는 경우에는 누설전류에 의하여 케이블, 금속제 지중관로 및 선로 구조물 등에 영향을 미치는 것

① 전기철도 측의 전기 부식 방지
  가. 변전소 간 간격 축소
  나. 레일본드의 양호한 시공
  다. 장대레일채택
  라. 절연도상 및 레일과 침목사이에 절연층의 설치
  마. 기타

② 매설금속체 측의 전기 부식 방지
 가. 배류장치 설치
 나. 절연코팅
 다. 매설금속체 접속부 절연
 라. 저준위 금속체를 접속
 마. 궤도와의 이격 거리 증대
 바. 금속판 등의 도체로 차폐
③ 누설전류 간섭에 대한 방지
 • 직류 전기철도 시스템이 매설 배관 또는 케이블과 인접할 경우 누설전류를 피하기 위해 최대한 이격시켜야 하며, **주행레일과 최소 1[m] 이상의 거리를 유지**

이론 요약

1. 용어 정리

① 궤도 : 레일·침목 및 도상

② 전차선 : 전기철도차량의 집전장치와 접촉하여 전력을 공급하기 위한 전선

③ 급전선 : 전기철도차량에 사용할 전기를 변전소로부터 합성전차선에 공급하는 전선

2. 전기철도의 전기방식

① 전력수급조건(공칭전압(수전전압))

| 공칭전압(수전전압)[kV] | 교류 3상 22.9, 154, 345 |

② 전차선로의 전압(전원측 도체와 전류귀환도체 사이에서 측정된 집전장치의 전위)

- 직류방식 : 공칭전압 750[V], 1,500[V]
- 교류방식 : 공칭전압 25,000[V], 50,000[V]

3. 전기철도의 변전방식(급전용변압기)

① 직류 전기철도의 경우 3상 정류기용 변압기

② 교류 전기철도의 경우 3상 스코트결선 변압기

③ 제어용 교류전원 : 상용과 예비의 2계통으로 구성

　　제어반 : 디지털계전기방식

4. 전차선 가선방식 : 가공식, 강체조가식, 제3레일방식

① 전차선 및 급전선(자동재폐로장치 시설)의 최소 높이

시스템 종류	공칭전압[V]	동적[mm]	정적[mm]
직류	750	4,800	4,400
	1,500	4,800	4,400
단상교류	25,000	4,800	4,570

② 전차선로 설비의 안전율(합금전차선 : 2.0 이상, 경동선 : 2.2 이상)

③ 전차선로의 충전부와 차량 간의 절연이격

시스템 종류	공칭전압[V]	동적[mm]	정적[mm]
직류	750	25	25
	1,500	100	150
단상교류	25,000	170	270

5. 전기 부식

주행레일을 귀선으로 이용하는 경우에는 누설전류에 의하여 케이블, 금속제 지중관로 및 선로 구조물 등에 영향을 미치는 것

① 전기 부식 방지법

전기철도 측의 전기 부식 방지	매설금속체 측의 전기 부식 방지
• 변전소 간 간격 축소 • 레일본드의 양호한 시공 • 장대레일 채택 • 절연도상 및 레일과 침목사이에 절연층의 설치	• 배류장치 설치 • 절연코팅 • 매설금속체 접속부 절연 • 저준위 금속체를 접속 • 궤도와의 이격 거리 증대 • 금속판 등의 도체로 차폐

② 누설전류 간섭에 대한 방지

- 귀선전류를 금속귀선로 내부로만 흘린다.
- 귀선시스템의 종 방향 전기저항을 낮추기 위해
  - 레일 사이에 저저항 레일본드를 접합
  - 전체 종 방향 저항이 5[%] 이상 증가하지 않도록 할 것
- 주행레일과 최소 1[m] 이상의 거리를 유지

6. 설비보호

① 사고 또는 고장의 파급을 방지하기 위해 사고전류를 검출하고 신속하고 순차적으로 차단할 수 있는 보호시스템 구성(설비계통 전반의 보호협조 되도록)

② 보호계전방식 : 신뢰성, 선택성, 협조성, 적절한 동작, 양호한 감도, 취급 및 보수점검 용이

③ 급전선로 보호계전방식에 자동재폐로 기능 : 안정도 향상, 자동 복구, 정전시간 감소 목적

④ 전차선로용 애자를 섬락사고로부터 보호하고 접지전위 상승 억제 위해 보호설비 구비

⑤ 피뢰기 설치 : 가공 선로측에서 발생한 지락 및 사고전류의 파급 방지

7. 회생제동

① 다음과 같은 경우 회생제동 사용 중단

- 전차선로 지락 발생
- 전차선로에서 전력을 받을 수 없는 경우

② 다른 전기장치에서 흡수할 수 없는 경우 전기철도차량은 다른 제동시스템으로 전환

③ 회생제동이 비상용제동으로 사용이 가능하고 독립적으로 전력을 운영할 수 있도록 설계

CHAPTER 07 필수 기출문제

꼭! 나오는 문제만 간추린

01 궤도를 구성하는 3요소가 아닌 것은?
① 레일 ② 침목
③ 복진지 ④ 도상

해설 (KEC 402조) 전기철도의 용어 정의
궤도 : 레일·침목 및 도상과 이들의 부속품으로 구성된 시설을 말한다.

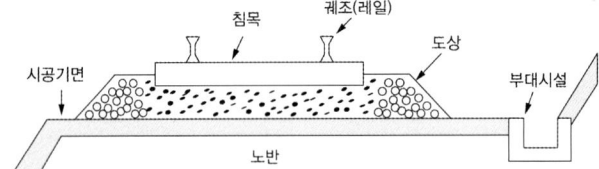

【답】③

02 전기철도차량의 집전장치와 접촉하여 전력을 공급하기 위한 전선을 무엇이라 하는가?
① 전차선 ② 급전선
③ 귀선 ④ 수전선

해설 (KEC 402조) 전기철도의 용어 정의
• 전차선 : 전기철도차량의 집전장치와 접촉하여 전력을 공급하기 위한 전선
• 급전선 : 전기철도차량에 사용할 전기를 변전소로부터 합성전차선에 공급하는 전선
• 귀선회로 : 전기철도차량에 공급된 전력을 변전소로 되돌리기 위한 귀로

【답】①

03 ★★★★★ 전기철도차량에 전력을 공급하는 전차선의 가선방식으로 맞지 않는 것은?
① 가공식 ② 강체식
③ 제3레일방식 ④ 병합식

해설 (KEC 402조) 전기철도의 용어 정의
가선방식 : 전기철도차량에 전력을 공급하는 전차선의 가선방식으로 가공식, 강체식, 제3레일방식으로 분류한다.

【답】④

04 전기철도용 변전소에 수급되는 전원으로 3상의 수전전압이 아닌 것은?
① 22.9[kV] ② 154[kV]
③ 345[kV] ④ 765[kV]

해설 (KEC 411.1조) 전력수급조건

| 공칭전압(수전전압)[kV] | 교류 3상 22.9, 154, 345 |

【답】④

05
다음의 전압 중 직류 방식의 전차선로 전압은 얼마인가?
① 500[V]
② 750[V]
③ 1,200[V]
④ 2,000[V]

해설 (KEC 411.2조) 전차선로의 전압
- 직류방식 : 공칭전압 750[V], 1,500[V]
- 교류방식 : 공칭전압 25,000[V], 50,000[V]

【답】②

06
전기철도의 변전방식 중 변전소 용량은 급전구간별 정상적인 열차부하조건에서 몇 시간의 최대출력을 기준으로 하는가?
① 1시간
② 2시간
③ 3시간
④ 4시간

해설 (KEC 421.3조) 변전소의 용량
급전구간별 정상적인 열차부하조건에서 1시간 최대출력 또는 순시 최대출력을 기준으로 결정

【답】①

07
다음의 변압기 중 직류 전기철도 급전용으로 사용되는 변압기는 무엇인가?
① 승압용 변압기
② 강압용 변압기
③ 3상 스코트 결선 변압기
④ 3상 정류기용 변압기

해설 (KEC 421.4조) 변전소의 설비
급전용변압기 : 직류 전기철도의 경우 3상 정류기용 변압기

【답】④

08
다음의 변압기 중 교류 전기철도 급전용으로 사용되는 변압기는 무엇인가?
① 승압용 변압기
② 강압용 변압기
③ 3상 스코트 결선 변압기
④ 3상 정류기용 변압기

해설 (KEC 421.4조) 변전소의 설비
급전용변압기 : 교류 전기철도의 경우 3상 스코트결선 변압기

【답】③

09
공칭전압이 750[V]인 직류시스템에서 전차선과 건조물 간의 동적 최소 절연간격은 몇 [mm] 이상을 확보해야 하는가?
① 25
② 100
③ 150
④ 170

해설 (KEC 431.2조) 전차선로의 충전부와 건조물 간의 절연이격
건조물과 전차선, 급전선 및 전기철도차량 집전장치의 공기절연 이격거리는 표에 제시되어 있는 정적 및 동적 최소 절연이격거리 이상을 확보하여야 한다. 동적 절연이격의 경우 팬터그래프가 통과하는 동안의 일시적인 전선의 움직임을 고려하여야 한다.

시스템 종류	공칭전압[V]	동적[mm]		정적[mm]	
		비오염	오염	비오염	오염
직류	750	25	25	25	25
	1,500	100	110	150	160

【답】①

10 전차선과 건조물 간의 최소 절연거리에 대한 표이다. 다음 ( )안에 들어갈 내용으로 옳은 것은? (단, 제시되어 있는 동적 최소 이격거리 이상을 확보하여야 한다)

시스템 종류	공칭전압[V]	동적[mm]	
		비오염	오염
단상교류	25,000	( )	220

① 150
② 200
③ 170
④ 220

해설 (KEC 431.2조) 전차선로의 충전부와 건조물 간의 절연이격

건조물과 전차선, 급전선 및 전기철도차량 집전장치의 공기절연 이격거리는 표에 제시되어 있는 정적 및 동적 최소 절연이격거리 이상을 확보하여야 한다. 동적 절연이격의 경우 팬터그래프가 통과하는 동안의 일시적인 전선의 움직임 고려.

시스템 종류	공칭전압[V]	동적[mm]		정적[mm]	
		비오염	오염	비오염	오염
단상교류	25,000	170	220	270	320

【답】③

11 전차의 급전선로의 시설에 대한 내용으로 틀린 것은?

① 가공식은 전차선의 높이 이상으로 전차선로 지지물에 병행 설치하며, 나전선의 접속은 직선접속을 원칙으로 한다.
② 신설 터널 내 급전선을 가공으로 설계할 경우 지지물의 취부는 C찬넬 또는 매입전을 이용하여 고정해야 한다.
③ 전기적 영향에 대한 최소 간격이 보장되지 않거나 지락, 불꽃 방전 등의 우려가 있을 경우에는 급전선을 케이블로 하여 안전하게 시공해야 한다.
④ 선상승강장, 인도교, 과선교 또는 다리 하부 등에 설치할 때에는 최소 절연간격 이하로 확보해야 한다.

해설 (KEC 431.4조) 급전선로

① 급전선은 나전선을 적용하여 가공식으로 가설을 원칙으로 한다. 다만, 전기적 영향에 대한 최소 간격이 보장되지 않거나 지락, 불꽃 방전 등의 우려가 있을 경우에는 급전선을 케이블로 하여 안전하게 시공하여야 한다.
② 가공식은 전차선의 높이 이상으로 전차선로 지지물에 병행 설치하며, 나전선의 접속은 직선접속을 원칙으로 한다.
③ 신설 터널 내 급전선을 가공으로 설계할 경우 지지물의 취부는 C찬넬 또는 매입전을 이용하여 고정하여야 한다.
④ 선상승강장, 인도교, 과선교 또는 다리 하부 등에 설치할 때에는 **최소 절연간격 이상을 확보**하여야 한다. 【답】④

12 다음의 전차선 및 급전선의 최소 높이 중 단상 교류 25,000[V]이고 동적인 경우 몇 [mm]의 높이를 유지해야 하는가?

① 4,400
② 4,500
③ 4,570
④ 4,800

해설 (KEC 431.6조) 전차선 및 급전선의 높이

시스템 종류	공칭전압[V]	동적[mm]	정적[mm]
단상교류	25,000	4,800	4,570

【답】④

13 열차의 설계속도가 250 < V ≤ 300[km/시간]이고 속도등급이 300킬로급이라면 전차선의 기울기(천분율)은?

① 3
② 0
③ 2
④ 1

해설 (KEC 431.7) 전차선의 기울기

설계속도 V[km/시간]	속도등급	기울기(천분율)
300 < V ≤ 350	350킬로급	0
250 < V ≤ 300	300킬로급	0
200 < V ≤ 250	250킬로급	1
150 < V ≤ 200	200킬로급	2
120 < V ≤ 150	150킬로급	3
70 < V ≤ 120	120킬로급	4
V ≤ 70	70킬로급	10

【답】②

14 교류 전차선 등 충전부와 식물 사이의 이격거리는 몇 [m] 이상이어야 하는가? (단, 현장여건을 고려한 방호벽 등의 안전조치를 하지 않은 경우이다)

① 1
② 3
③ 5
④ 10

해설 (KEC 431.11조) 전차선 등과 식물사이의 이격거리
교류 전차선 등 충전부와 식물사이의 이격거리는 5[m] 이상이어야 한다. 다만, 5[m] 이상 확보하기 곤란한 경우에는 현장여건을 고려하여 방호벽 등 안전조치를 하여야한다. 【답】③

15 전기철도차량이 전차선로와 접촉한 상태에서 견인력을 끄고 보조전력을 가동한 상태로 정지해 있다면 가공 전차선로의 유효전력 200[kW] 이상일 경우 역률은 얼마보다 커야 하는가?

① 0.7
② 0.8
③ 0.85
④ 0.9

해설 (KEC 441.4조) 전기철도차량의 역률
전기철도차량이 전차선로와 접촉한 상태에서 견인력을 끄고 보조전력을 가동한 상태로 정지해 있는 경우 : 가공 전차선로의 유효전력이 200[kW] 이상일 경우 총 역률은 0.8보다 클 것 【답】②

16 전기철도의 안전을 위하여 레일 전위의 위험에 대한 보호 중 0.5초 이하의 순시조건에서 교류 전기철도 급전시스템의 최대 허용 접촉전압(실효값)은 얼마인가?

① 60[V]
② 65[V]
③ 600[V]
④ 670[V]

해설 (KEC 461.2조) 레일 전위의 위험에 대한 보호
교류 전기철도 급전시스템에서의 레일 전위의 최대 허용 접촉전압

시간조건[초]	최대 허용 접촉전압(실효값)
순시조건($t \le 0.5$)	**670[V]**
일시적 조건($0.5 < t \le 300$)	65[V]
영구적 조건($t > 300$)	60[V]

【답】④

17 전기철도의 안전을 위하여 레일 전위의 위험에 대한 보호 중 0.5초 이하의 순시조건에서 직류 전기철도 급전시스템의 최대 허용 접촉전압(실효값)은 얼마인가?

① 120[V] ② 150[V]
③ 535[V] ④ 670[V]

해설 (KEC 461.2조) 레일 전위의 위험에 대한 보호
직류 전기철도 급전시스템에서의 레일 전위의 최대 허용 접촉전압

시간조건[초]	최대 허용 접촉전압(실효값)
순시조건($t \leq 0.5$)	535[V]
일시적 조건($0.5 < t \leq 300$)	150[V]
영구적 조건($t > 300$)	120[V]

【답】③

18 전기철도 측의 전기 부식 방지를 위한 조치가 아닌 것은?

① 변전소 간 간격 축소 ② 레일본드의 양호한 시공
③ 장대레일채택 ④ 배류장치 설치

해설 (KEC 461.4조) 전기 부식 방지
전기철도측의 전기 부식 방지
- 변전소 간 간격 축소
- 레일본드의 양호한 시공
- 장대레일채택
- 절연도상 및 레일과 침목사이에 절연층의 설치

【답】④

19 직류 전기철도 시스템이 매설 배관 또는 케이블과 인접할 경우 누설전류를 피하기 위해 최대한 이격시켜야 하는데, 주행레일과 최소 몇 [m] 이상의 거리를 유지하여야 하는가?

① 0.5[m] ② 1[m]
③ 1.5[m] ④ 2[m]

해설 (KEC 461.5조) 누설전류 간섭에 대한 방지
직류 전기철도 시스템이 매설 배관 또는 케이블과 인접할 경우 누설전류를 피하기 위해 최대한 이격시켜야 하며, 주행레일과 최소 1[m] 이상의 거리를 유지

【답】②

20 전기철도에서 귀선로에 대한 내용으로 옳은 것은?

① 귀선로는 절연보호도체, 매설접지도체, 레일로 구성되어 있다.
② 단권변압기 중성점과 각각 단독접지에 접속한다.
③ 귀선로는 사고 및 지락 시에도 충분한 허용전류용량을 갖도록 해야 한다.
④ 철도에 있어서 차륜을 직접지지하고 안내해서 차량을 안전하게 주행시키는 선로를 말한다.

해설 (KEC 431.5조) 귀선로
① 귀선로는 비절연보호도체, 매설접지도체, 레일 등으로 구성하여 단권변압기 중성점과 공통접지에 접속한다.
② 비절연보호도체의 위치는 통신유도장해 및 레일전위의 상승의 경감을 고려하여 결정하여야 한다.
③ 귀선로는 사고 및 지락 시에도 충분한 허용전류용량을 갖도록 하여야 한다.
④는 "레일"의 정의이다.

【답】③

21 ★★★★★ 다음 ( ) 안에 들어갈 내용으로 옳은 것은?

> 전차선로는 무선설비의 기능에 계속적이고 또한 중대한 장애를 주는 (　　)가 생길 우려가 있는 경우에는 이를 방지하도록 시설하여야 한다.

① 고주파　　　　　　　　　　　② 정전기
③ 서지　　　　　　　　　　　　④ 전자파

해설　(KEC 461.6조) 전자파 장해의 방지
전차선로는 무선설비의 기능에 계속적이고 또한 중대한 장해를 주는 전자파가 생길 우려가 있는 경우에는 이를 방지하도록 시설하여야 한다.　　　　　　　　　　　　　　　　　　　　　　　　　　　　【답】④

CHAPTER 08 분산형 전원설비

용어 정리 · 계통 연계설비의 시설 · 전기저장 장치 · 태양광발전설비 · 풍력발전설비 · 연료전지설비

1. 용어 정의(KEC 502조)

(1) 풍력터빈 : 바람의 운동에너지를 기계적 에너지로 변환하는 장치(가동부 베어링, 나셀, 블레이드 등의 부속물 포함)
(2) 풍력발전소 : 단일 또는 복수의 풍력터빈(풍력터빈을 지지하는 구조물을 포함)을 원동기로 하는 발전기와 그 밖의 기계기구를 시설하여 전기를 발생시키는 곳
(3) MPPT : 태양광발전이나 풍력발전 등이 현재 조건에서 가능한 최대의 전력을 생산할 수 있도록 인버터 제어를 이용하여 해당 발전원의 전압이나 회전속도를 조정하는 **최대출력추종**(MPPT, Maximum Power Point Tracking) 기능

2. 분산형전원 계통 연계설비의 시설(KEC 503조)

(1) 계통 연계의 범위(KEC 503.1조)
 분산형전원설비 등을 전력계통에 연계하는 경우에 적용(여기서, 전력계통이라함은 전력판매사업자의 계통, 구내계통 및 독립전원계통 모두를 말함)

(2) 분산형전원설비의 전기 공급방식(KEC 503.2.1조)

 분산형전원설비 사업자의 한 사업장의 설비 용량 합계가 250[kVA] 이상일 경우 : 송배전계통과 연계 지점의 연결 상태를 감시 또는 유효전력, 무효전력 및 전압을 측정할 수 있는 장치 시설

(3) 계통 연계용 보호장치의 시설(KEC 503.2.4조)

 ① **계통 연계하는 분산형전원설비를 설치하는 경우 다음에 해당하는 이상 또는 고장 발생 시 자동적으로 분산형전원설비를 전력계통으로부터 분리하기 위한 장치 시설 및 해당 계통과의 보호협조 실시**
  가. 분산형전원설비의 이상 또는 고장
  나. **연계한 전력계통의 이상 또는 고장**
  다. **단독운전 상태**
 ② 연계한 계통의 재폐로방식과 협조
 ③ 단순 병렬운전 분산형전원설비의 경우에는 역전력 계전기 설치(단, 합계 용량이 50[kW] 이하의 소규모 분산형전원은 제외)

3. 전기저장 장치(이차전지를 이용한 전기저장장치)(KEC 510조)

(1) 옥내전로의 대지전압 제한(KEC 511.1.3조)
주택의 전기저장장치의 축전지에 접속하는 부하 측 옥내배선을 다음에 따라 시설하는 경우에 주택의 옥내전로의 대지전압은 **직류 600[V] 이하**

(2) 전기저장장치의 시설기준(KEC 512조)

① 전기배선(KEC 512.1.1조)
   가. 전선 : 공칭단면적 2.5[mm²] 이상의 연동선
   나. 배선공사(옥내, 옥외) : 합성수지관공사, 금속관공사, 금속제 가요전선관공사, 케이블공사

② 제어 및 보호장치 등(KEC 512.2조)
   자동으로 전로로부터 차단하는 장치 시설
   • 과전압 또는 과전류가 발생한 경우
   • 제어장치에 이상이 발생한 경우
   • 이차전지 모듈의 내부 온도가 급격히 상승할 경우

③ 계측장치
   가. 축전지 출력 단자의 전압, 전류, 전력 및 충방전 상태
   나. 주요변압기의 전압, 전류 및 전력

4. 태양광발전설비(KEC 520조)

(1) 설비의 안전 요구사항(KEC 521.2조)

① 태양전지 모듈, 전선, 개폐기 및 기타 기구는 충전부분이 노출되지 않도록 시설

② 모든 접속함에는 내부의 충전부가 인버터로부터 분리된 후에도 여전히 충전상태일 수 있음을 나타내는 경고 부착

③ 태양광설비의 고장이나 외부 환경요인으로 인하여 계통연계에 문제가 있을 경우 회로분리를 위한 안전시스템 구성

(2) 옥내전로의 대지전압 제한(KEC 521.3조)
주택의 태양전지모듈에 접속하는 부하측 옥내배선의 대지전압은 직류 600[V] 이하

(3) 태양광설비의 시설(KEC 522.2조)

① 전력변환장치의 시설(인버터, 절연변압기 및 계통 연계 보호장치 등)
   가. 인버터는 실내·실외용을 구분
   나. 각 직렬군의 태양전지 개방전압은 인버터 입력전압 범위 이내
   다. 옥외에 시설하는 경우 방수등급은 IPX4 이상

② 태양광설비의 계측장치

전압과 전류 또는 전압과 전력을 계측

5. 풍력발전설비(KEC 530조)

(1) 일반사항(KEC 531조)

① 나셀 등 풍력발전기 상부시설에 접근하기 위한 안전한 시설물 시설

② 항공장애 표시등 시설

발전용 풍력설비의 항공장애등 및 주간장애표지를 시설

③ **화재방호설비 시설**

500[kW] 이상의 풍력터빈 : 나셀 내부의 화재 발생 시, 이를 자동으로 소화할 수 있는 화재방호설비

(2) 풍력설비의 시설(KEC 532조)

① 간선 : 출력배선에 쓰이는 전선은 CV선 또는 TFR-CV선 사용

② 접지설비

풍력발전설비 타워기초를 이용한 통합접지공사 및 설비 사이의 전위차가 없도록 등전위본딩

③ **피뢰설비(전력기기·제어기기 등)**
  가. 수뢰부를 풍력터빈 선단부분 및 가장자리 부분에 배치
  나. 인하도선 : 뇌격전류를 안전하게 흘릴 수 있는 충분한 굵기, 직선설치

6. 연료전지설비(KEC 540조)

(1) 연료전지설비의 시설(KEC 542조)

① 자동 차단하는 경우
  • 연료전지에 과전류
  • 발전요소의 발전전압에 이상 또는 연료가스 출구에서의 산소농도 또는 공기 출구에서의 연료가스 농도가 현저히 상승
  • 연료전지의 온도가 현저하게 상승
  • 개질기를 사용하는 연료전지에서 버너에 이상 발생
  • 환기장치에 이상 발생

② 연료전지설비의 계측장치
  • 전압과 전류 또는 전압과 전력 계측
  • 온도계 및 연료가스 유량 또는 압력 계측

이론 요약

1. 용어 정리

① 분산형전원 : 중앙급전 전원과 구분되는 것
   전력소비지역 부근에 분산하여 배치 가능한 전원. 상용전원의 정전 시에만 사용하는 비상용 예비전원은 제외하며, 신·재생에너지 발전설비, 전기저장장치 등을 포함

② 단독운전 : 전력계통의 일부가 전력계통의 전원과 전기적으로 분리된 상태에서 분산형전원에 의해서만 가압되는 상태

2. 분산형전원 계통 연계설비의 시설

① 분산형전원설비 사업자의 한 사업장의 설비 용량 합계가 250[kVA] 이상일 경우
   송·배전계통과 연계지점의 연결 상태를 감시 또는 유효전력, 무효전력 및 전압을 측정할 수 있는 장치 시설

② 저압계통 연계 시 직류유출방지 변압기의 시설(상용주파수 변압기)

③ 이상 또는 고장 발생 시 자동적으로 분산형전원설비를 전력계통으로부터 분리
   - 분산형전원설비의 이상 또는 고장
   - 연계한 전력계통의 이상 또는 고장
   - 단독운전 상태

3. 전기저장 장치(이차전지를 이용한 전기저장장치)

① 주택의 옥내전로의 대지전압 : 직류 600[V] 이하

② 전기배선
   - 전선 : 공칭단면적 2.5[mm²] 이상의 연동선
   - 배선공사(옥내, 옥외) : 합성수지관공사, 금속관공사, 케이블공사

③ 자동으로 전로로부터 차단하는 장치 시설
   - 과전압 또는 과전류가 발생한 경우
   - 제어장치에 이상이 발생한 경우
   - 이차전지 모듈의 내부 온도가 급격히 상승할 경우

④ 계측장치
   - 축전지 출력단자의 전압, 전류, 전력 및 충방전 상태
   - 주요변압기의 전압, 전류 및 전력

⑤ 전용건물 이외의 장소에 시설하는 경우
   이차전지랙과 랙 사이 및 랙과 벽면 사이 : 1[m] 이상 이격

4. 태양광발전설비

① 주택의 옥내전로의 대지전압 : 직류 600[V] 이하

② 계측장치 : 전압과 전류 또는 전압과 전력을 계측하는 장치 시설

5. 풍력발전설비

① 항공장애 표시등 시설, 500[kW] 이상의 풍력터빈 화재방호설비 시설(자동소화)

② 계측장치 : 회전속도계, 진동계, 풍속계, 압력계, 온도계

6. 연료전지설비의 계측장치

① 전압과 전류 또는 전압과 전력

② 온도계 및 연료가스 유량 또는 압력

CHAPTER 08 필수 기출문제

꼭! 나오는 문제만 간추린

01 ★★★★★
중앙급전 전원과 구분되는 것으로서 전력소비지역 부근에 분산하여 배치 가능한 전원을 무엇이라 하는가?
① 임시전력원
② 분산형전원
③ 분전반전원
④ 계통연계전원

해설 (KEC 112조) 용어 정의
분산형 전원 : 중앙급전 전원과 구분되는 것으로서 전력소비지역 부근에 분산하여 배치 가능한 전원 【답】②

02
송·배전계통과 연계지점의 연결상태를 감시 또는 유효전력, 무효전력 및 전압을 측정할 수 있는 장치를 시설해야 하는 경우는 분산형전원설비 사업자의 한 사업장의 설비 용량 합계가 몇 [kVA] 이상일 때인가?
① 150
② 200
③ 250
④ 300

해설 (KEC 503.2.1조) 전기 공급방식 등
분산형전원설비 사업자의 한 사업장의 설비용량 합계가 250[kVA] 이상일 경우에는 송·배전계통과 연계지점의 연결상태를 감시 또는 유효전력 무효전력 및 전압을 측정할 수 있는 장치를 시설할 것 【답】③

03
분산형전원설비를 인버터를 이용하여 전력판매사업자의 저압 전력계통에 연계하는 경우 인버터로부터 직류가 계통으로 유출되는 것을 방지하기 위하여 접속점과 인버터 사이에 설치해야 하는 것은?
① 상용주파수 변압기
② 차단기
③ 부하개폐기
④ 전환개폐기

해설 (KEC 503.2.2조) 저압계통 연계 시 직류유출방지 변압기의 시설
분산형전원설비를 인버터를 이용하여 전력판매사업자의 저압 전력계통에 연계하는 경우 인버터로부터 직류가 계통으로 유출되는 것을 방지하기 위하여 접속점(접속설비와 분산형전원설비 설치자 측 전기설비의 접속점)과 인버터 사이에 상용주파수 변압기(단권변압기를 제외)를 시설하여야 한다. 【답】①

04 ★★★★★
전력계통의 일부가 전력계통의 전원과 전기적으로 분리된 상태에서 분산형전원에 의해서만 가압되는 상태를 무엇이라 하는가?
① 계통연계
② 접속설비
③ 단독운전
④ 단순 병렬운전

해설 (KEC 112조) 용어 정의
독립형 전원(단독운전) : 전력계통의 일부가 전력계통의 전원과 전기적으로 분리된 상태
계통연계형 전원 : 전력계통의 일부가 전력계통의 전원과 전기적으로 연결된 상태 【답】③

05 계통 연계하는 분산형전원설비를 설치하는 경우 특정한 이상 또는 고장 발생 시 자동적으로 분산형전원설비를 전력계통으로부터 분리하기 위한 장치 시설 및 해당 계통과의 보호협조를 실시하여야 한다. 해당되지 않는 것은?

① 분산형전원설비의 이상 또는 고장
② 연계한 전력계통의 이상 또는 고장
③ 단독운전 상태
④ 분산형 전력계통에서 출력이 일정치 않은 경우

해설 (KEC 503.2.4조) 계통 연계용 보호장치의 시설
분산형전원설비를 계통 연계하는 분산형전원설비를 설치하는 경우 다음에 해당하는 이상 또는 고장 발생 시 자동적으로 분산형전원설비를 전력계통으로부터 분리하기 위한 장치 시설 및 해당 계통과의 보호협조를 실시하여야 한다.
① 분산형전원설비의 이상 또는 고장
② 연계한 전력계통의 이상 또는 고장
③ 단독운전 상태

【답】 ④

06 전기저장장치의 시설에 대한 설명으로 틀린 것은?

① 전기배선을 옥측 또는 옥외에 시설할 경우 수직 케이블의 포설에 준하여 시설할 것
② 외부터미널과 접속하기 위해 필요한 접점의 압력이 사용기간 동안 유지되어야 할 것
③ 전선은 공칭단면적 2.5[㎟] 이상 또는 이와 동등 이상의 세기 및 굵기의 것일 것
④ 단자를 체결 또는 잠글 때 너트나 나사는 풀림방지 기능이 있는 것을 사용할 것

해설 (KEC 511.2조) 전기저장장치의 시설
① 옥측 또는 옥외에 시설할 경우 배선설비 공사는 합성수지관공사, 금속관공사, 금속제 가요전선관공사 또는 케이블공사(수직 케이블의 포설 제외)의 규정에 준하여 시설할 것
② 외부터미널과 접속하기 위해 필요한 접점의 압력이 사용기간 동안 유지되어야 한다.
③ 전선은 공칭단면적 2.5[㎟] 이상의 연동선 또는 이와 동등 이상의 세기 및 굵기의 것일 것
④ 단자를 체결 또는 잠글 때 너트나 나사는 풀림방지 기능이 있는 것을 사용하여야 한다.

【답】 ①

07 이차전지를 이용한 전기저장장치의 이차전지를 자동으로 전로로부터 차단하는 장치가 동작해야 하는 경우가 아닌 것은?

① 과전압 또는 과전류가 발생한 경우
② 제어 장치에 이상이 발생한 경우
③ 침수의 우려가 있는 경우
④ 이차전지 모듈의 내부 온도가 급격히 상승할 경우

해설 (KEC 512.2.2조) 제어 및 보호장치
전기저장장치의 이차전지는 다음에 따라 자동으로 전로로부터 차단하는 장치를 시설하여야 한다.
① 과전압 또는 과전류가 발생한 경우
② 제어장치에 이상이 발생한 경우
③ 이차전지 모듈의 내부 온도가 급격히 상승할 경우

【답】 ③

08 전기저장장치를 시설하는 곳에 계측하는 장치를 시설하여 측정하는 것이 아닌 것은?

① 주요 변압기의 전력
② 주요 변압기의 전압
③ 이차전지 출력 단자의 전압
④ 이차전지 출력 단자의 주파수

해설 (KEC 511.2.10조) 전기저장장치 계측장치
전기저장장치를 시설하는 곳에는 다음의 사항을 계측하는 장치를 시설하여야 한다.

① 이차전지 출력 단자의 전압, 전류, 전력 및 충방전 상태
② 주요변압기의 전압, 전류 및 전력

【답】④

09 주택의 시설하는 전기저장장치는 이차전지에서 전력변환장치에 이르는 옥내 직류전로에 지락이 생겼을 때 자동적으로 전로를 차단하는 장치를 시설할 경우 옥내전로의 대지전압은 직류 몇 [V] 까지 적용할 수 있는가?

① 110
② 300
③ 600
④ 1,000

해설 (KEC 511.1.3조) 전기저장장치 옥내전로의 대지전압 제한
주택의 전기저장장치의 축전지에 접속하는 부하 측 옥내배선을 다음에 따라 시설하는 경우에 주택의 옥내전로의 대지전압은 직류 600[V]까지 적용할 수 있다.

【답】③

10 태양광발전이나 풍력발전 등이 현재 조건에서 가능한 최대의 전력을 생산할 수 있도록 인버터 제어를 이용하여 해당 발전원의 전압이나 회전속도를 조정하는 최대출력추종기능을 말하는 것은?

① MPPT
② BIPM
③ PV
④ PCS

해설 (KEC 502조) 분산형 전원설비 용어의 정의
MPPT : 태양광발전이나 풍력발전 등이 현재 조건에서 가능한 최대의 전력을 생산할 수 있도록 인버터 제어를 이용하여 해당 발전원의 전압이나 회전속도를 조정하는 최대출력추종(MPPT, Maximum Power Point Tracking) 기능

【답】①

11 태양전지 발전소에 시설하는 태양전지 모듈, 전선 및 개폐기 기타 기구의 시설기준으로 옳지 않은 것은?

① 모듈의 출력배선은 극성별로 확인할 수 있도록 표시할 것
② 충전부분은 노출되지 않도록 시설할 것
③ 태양전지 모듈의 프레임은 지지물과 전기적으로 완전하게 접속할 것
④ 태양전지 모듈에 전선을 접속하는 경우에는 접속점에 장력이 가해지도록 할 것

해설 (KEC 522조) 태양광설비의 시설
① 충전부분은 노출되지 아니하도록 시설할 것
② 태양전지 모듈에 접속하는 부하 측의 전로(복수의 태양전지 모듈을 시설한 경우에는 그 집합체에 접속하는 부하 측의 전로)에는 그 접속점에 근접하여 개폐기 기타 이와 유사한 기구를 시설할 것
③ 태양전지 모듈을 병렬로 접속하는 전로에는 그 전로에 단락이 생긴 경우에 전로를 보호하는 과전류 차단기 기타의 기구를 시설할 것
④ 전선은 공칭단면적 2.5[㎟] 이상의 연동선 또는 이와 동등 이상의 세기 및 굵기의 것일 것
⑤ 태양전지 모듈 및 개폐기 그 밖의 기구에 전선을 접속하는 경우에는 나사 조임 그 밖에 이와 동등 이상의 효력이 있는 방법에 의하여 견고하고 또한 전기적으로 완전하게 접속함과 동시에 **접속점에 장력이 가해지지 아니하도록 할 것**

【답】④

12 주택의 태양전지모듈에 접속하는 부하측 옥내배선의 대지전압은 직류 몇 [V] 이하여야 하는가?

① 300
② 500
③ 600
④ 800

해설 (KEC 521.3조) 옥내전로의 대지전압 제한
주택의 태양전지모듈에 접속하는 부하측 옥내배선의 대지전압은 직류 600[V] 이하

【답】③

13 태양광 설비의 시설 기준 중 인버터, 절연변압기 및 계통 연계 보호장치 등 전력변환장치의 시설 기준으로 틀린 것은?

① 인버터는 실내·실외용을 구분할 것
② 각 직렬군의 태양전지 개방전압은 인버터 입력전압 범위 이내일 것
③ 옥외에 시설하는 경우 방수등급은 IPX4 이상일 것
④ 옥내에 시설하는 경우 방수등급은 IPX5 이상일 것

해설 (KEC 522.2.2조) 태양광 설비의 전력변환장치 시설
인버터, 절연변압기 및 계통 연계 보호장치 등 전력변환장치의 시설
① 인버터는 실내·실외용을 구분할 것
② 각 직렬군의 태양전지 개방전압은 인버터 입력전압 범위 이내일 것
③ 옥외에 시설하는 경우 방수등급은 IPX4 이상일 것 【답】④

14 태양광설비의 계측 장치로 필요치 않은 것은?

① 전압　　　　　　　　　　② 전류
③ 전력　　　　　　　　　　④ 역률

해설 (KEC 522.2.3조) 태양광설비의 계측장치
전압과 전류 또는 전압과 전력을 계측하는 장치를 시설 【답】④

15 풍력 발전설비에서 나셀의 내부 화재 발생 시 자동 소화할 수 있는 방호설비를 해야 하는 풍력터빈의 출력은 몇 [kW]인가?

① 200　　　　　　　　　　② 300
③ 400　　　　　　　　　　④ 500

해설 (KEC 531조) 풍력발전설비 일반사항
500[kW] 이상의 풍력터빈은 나셀 내부의 화재 발생 시, 이를 자동으로 소화할 수 있는 화재방호설비를 시설 【답】④

16 풍력터빈의 피뢰설비 시설기준에 대한 설명으로 틀린 것은?

① 수뢰부를 풍력터빈 중앙부분에 배치하되 뇌격전류에 의한 발열에 의해 녹아서 손상되지 않도록 재질, 크기, 두께 및 형상 등을 고려할 것
② 풍력터빈에 설치하는 인하도선은 쉽게 부식되지 않는 금속선으로서 뇌격전류를 안전하게 흘릴 수 잇는 충분한 굵기여야 하며, 가능한 직선으로 시설할 것
③ 풍력터빈에 설치한 피뢰설비(리셉터, 인하도선 등)의 기능저하로 인해 다른 기능에 영향을 미치지 않을 것
④ 풍력터빈 내부의 계측 센서용 케이블은 금속관 또는 차폐케이블 등을 사용하여 뇌유도과전압으로부터 보호할 것

해설 (KEC 532.3.5조) 풍력터빈의 피뢰설비
① **수뢰부를 풍력터빈 선단부분 및 가장자리 부분에 배치**하되 뇌격전류에 의한 발열에 용손(溶損)되지 않도록 재질, 크기, 두께 및 형상 등을 고려할 것
② 풍력터빈에 설치하는 인하도선은 쉽게 부식되지 않는 금속선으로서 뇌격전류를 안전하게 흘릴 수 있는 충분한 굵기여야 하며, 가능한 직선으로 시설할 것
③ 풍력터빈 내부의 계측 센서용 케이블은 금속관 또는 차폐케이블 등을 사용하여 뇌유도과전압으로부터 보호할 것
④ 풍력터빈에 설치한 피뢰설비(리셉터, 인하도선 등)의 기능저하로 인해 다른 기능에 영향을 미치지 않을 것 【답】①

17 풍력설비의 계측 장치로 필요치 않은 것은?
① 회전속도계　　　　　　　② 풍속계
③ 전력계　　　　　　　　　④ 온도계

해설 (KEC 532.3.7조) 계측장치의 시설
① 회전속도계
② 나셀(nacelle) 내의 진동을 감시하기 위한 진동계
③ 풍속계
④ 압력계
⑤ 온도계

【답】③

18 ★★★★★ 연료전지의 계측 장치로 필요치 않은 것은?
① 전압　　　　　　　　　　② 전류
③ 전력　　　　　　　　　　④ 온도

해설 (KEC 542.2.2조) 연료전지설비의 계측장치
전압과 전류 또는 전압과 전력을 계측하는 장치를 시설하여야 한다.

【답】④

MEMO